AutoUni – Schriftenreihe
Band 92

Herausgegeben von / Edited by
Volkswagen Aktiengesellschaft
AutoUni

Die Volkswagen AutoUni bietet den Promovierenden des Volkswagen Konzerns die Möglichkeit, ihre Dissertationen im Rahmen der „AutoUni Schriftenreihe" kostenfrei zu veröffentlichen. Die AutoUni ist eine international tätige wissenschaftliche Einrichtung des Konzerns, die durch Forschung und Lehre aktuelles mobilitätsbezogenes Wissen auf Hochschulniveau erzeugt und vermittelt.
Die neun Institute der AutoUni decken das Fachwissen der unterschiedlichen Geschäftsbereiche ab, welches für den Erfolg des Volkswagen Konzerns unabdingbar ist. Im Fokus steht dabei die Schaffung und Verankerung von neuem Wissen und die Förderung des Wissensaustausches.
Zusätzlich zu der fachlichen Weiterbildung und Vertiefung von Kompetenzen der Konzernangehörigen, fördert und unterstützt die AutoUni als Partner die Doktorandinnen und Doktoranden von Volkswagen auf ihrem Weg zu einer erfolgreichen Promotion durch vielfältige Angebote – die Veröffentlichung der Dissertationen ist eines davon. Über die Veröffentlichung in der AutoUni Schriftenreihe werden die Resultate nicht nur für alle Konzernangehörigen, sondern auch für die Öffentlichkeit zugänglich.

The Volkswagen AutoUni offers PhD students of the Volkswagen Group the opportunity to publish their doctor's theses within the "AutoUni Schriftenreihe" free of cost. The AutoUni is an international scientific educational institution of the Volkswagen Group Academy, which produces and disseminates current mobility-related knowledge through its research and tailor-made further education courses. The AutoUni's nine institutes cover the expertise of the different business units, which is indispensable for the success of the Volkswagen Group. The focus lies on the creation, anchorage and transfer of knew knowledge.
In addition to the professional expert training and the development of specialized skills and knowledge of the Volkswagen Group members, the AutoUni supports and accompanies the PhD students on their way to successful graduation through a variety of offerings. The publication of the doctor's theses is one of such offers.
The publication within the AutoUni Schriftenreihe makes the results accessible to all Volkswagen Group members as well as to the public.

Herausgegeben von / Edited by
Volkswagen Aktiengesellschaft
AutoUni
Brieffach 1231
D-38436 Wolfsburg
http://www.autouni.de

Anna-Charlotte Fleischmann

Gestensteuerung zur Optimierung der Informationsprozesse

Einsatz zwischen Fertigungsplanung und Shopfloor

Anna-Charlotte Fleischmann
Wolfsburg, Deutschland

Zugl.: Berlin, Technische Universität, Diss., 2016, unter dem Titel „Einsatz einer Gestensteuerung zur Optimierung der Durchgängigkeit der Informationsprozesse zwischen Fertigungsplanung und Shopfloor"

Die Ergebnisse, Meinungen und Schlüsse der im Rahmen der AutoUni Schriftenreihe veröffentlichten Doktorarbeiten sind allein die der Doktorandinnen und Doktoranden.

AutoUni – Schriftenreihe
ISBN 978-3-658-15669-5   ISBN 978-3-658-15670-1   (eBook)
DOI 10.1007/978-3-658-15670-1

Die Deutsche Nationalbibliothek verzeichnet diese Publikation in der Deutschen Nationalbibliografie; detaillierte bibliografische Daten sind im Internet über http://dnb.d-nb.de abrufbar.

© Springer Fachmedien Wiesbaden GmbH 2016
Das Werk einschließlich aller seiner Teile ist urheberrechtlich geschützt. Jede Verwertung, die nicht ausdrücklich vom Urheberrechtsgesetz zugelassen ist, bedarf der vorherigen Zustimmung des Verlags. Das gilt insbesondere für Vervielfältigungen, Bearbeitungen, Übersetzungen, Mikroverfilmungen und die Einspeicherung und Verarbeitung in elektronischen Systemen.
Die Wiedergabe von Gebrauchsnamen, Handelsnamen, Warenbezeichnungen usw. in diesem Werk berechtigt auch ohne besondere Kennzeichnung nicht zu der Annahme, dass solche Namen im Sinne der Warenzeichen- und Markenschutz-Gesetzgebung als frei zu betrachten wären und daher von jedermann benutzt werden dürften.
Der Verlag, die Autoren und die Herausgeber gehen davon aus, dass die Angaben und Informationen in diesem Werk zum Zeitpunkt der Veröffentlichung vollständig und korrekt sind. Weder der Verlag noch die Autoren oder die Herausgeber übernehmen, ausdrücklich oder implizit, Gewähr für den Inhalt des Werkes, etwaige Fehler oder Äußerungen.

Gedruckt auf säurefreiem und chlorfrei gebleichtem Papier

Springer ist Teil von Springer Nature
Die eingetragene Gesellschaft ist Springer Fachmedien Wiesbaden GmbH
Die Anschrift der Gesellschaft ist: Abraham-Lincoln-Str. 46, 65189 Wiesbaden, Germany

*Erzähle es mir - und ich werde es vergessen,
zeige es mir - und ich werde mich erinnern,
lass es mich tun - und ich werde es behalten.*

Konfuzius (551 v. Chr. – 479 v. Chr.)

Danksagung

Diese Arbeit wäre ohne die Unterstützung und Hilfe vieler Freunde und Kollegen nicht entstanden. Dafür möchte ich mich an dieser Stelle ganz herzlich bedanken.

Ein besonderer Dank gilt dabei Prof. Rötting für die vielen interessanten Diskussionen und die tolle Betreuung meiner Arbeit. Weiterhin möchte ich Prof. Schreiber danken, der mich sowohl fachlich als auch menschlich immer unterstützt hat und mir sehr viel Vertrauen entgegengebracht hat. Prof. Stark danke ich für die Zeit, die er stets für mich hatte sowie die tolle Unterstützung als Vorsitzender meiner Prüfung. Ich bin mir sicher, dass ich auch weiterhin den wissenschaftlichen und persönlichen Austausch suchen werde.

Da diese Arbeit im Rahmen einer Promotion bei der Volkswagen AG entstanden ist, möchte ich mich selbstverständlich auch bei allen Kolleginnen und Kollegen bedanken, die mich hierbei unterstützt haben. Ein ganz besonderer Dank gilt dabei Herrn Dr. Gottschalk sowie Frank Jelich für die Hilfe und Unterstützung bei industriellen Rahmenbedingungen. Besonderer Dank gilt aber auch Herrn Dr. Sebastian Schmickartz, Herrn Dr. Patrick Brosch, Frau Dr. Andrea Spillner sowie Herrn Dr. Till Sontag. Ihr seid stets eine Stütze für mich und es ist schön, dass ich zu jedem Zeitpunkt auf euch bauen kann. Patricia Brunkow danke ich für ihre ehrliche, aber auch herzliche Art sowie den fachlichen Input und den geteilten Glauben an MoviA.

Im Rahmen meiner Untersuchungen konnte ich immer auf meine Kollegen von gestigon zurückgreifen. Dank euch habe ich die Gestensteuerung noch einmal mit ganz anderen Augen betrachten dürfen, dafür möchte ich euch danken. Ihr seid einfach das #BestTeamEver.

Doch ohne die große Unterstützung meiner Familie wäre diese Arbeit niemals in dieser Art und Weise entstanden und dafür möchte ich mich an dieser Stelle ausdrücklich bedanken. Dieter und Petra, ich danke euch für eure Unterstützung sowie die Monate der Bewirtung, sodass ich mich voll und ganz auf das Schreiben dieser Arbeit konzentrieren konnte. Mama, danke dafür, dass du immer für mich da bist.

Zuletzt geht der größte Dank an David. Danke, dass du auch diesen Schritt mit mir gegangen bist und immer an mich geglaubt hast. Ohne deine Liebe, deinen Zuspruch und deine jahrelange Unterstützung wäre ich nicht der Mensch, der ich heute sein darf.
- DANKE -

Anna-Charlotte Fleischmann

Inhaltsverzeichnis

Danksagung VII
Abbildungsverzeichnis XIII
Tabellenverzeichnis XVII
Abkürzungsverzeichnis XIX
Kurzfassung XXI
Abstract XXIII

1   **Einführung** 1
     1.1   Zielsetzung und zentrale Forschungsfrage 1
     1.2   Aufbau und Vorgehensweise der Untersuchung 3

2   **Wissenschaftliche Grundlagen** 7
     2.1   Ansatz und Aufgaben der Digitalen Fabrik 7
         2.1.1   Die Digitale Fabrik in der Automobilindustrie 9
         2.1.2   Simultaneous Engineering 9
     2.2   Virtuelle Techniken 11
         2.2.1   Virtual Reality 12
         2.2.2   Mixed Reality 14
         2.2.3   Augmented Reality 14
         2.2.4   Trackingarten und -verfahren 16
         2.2.5   Mensch-Maschine-Systeme 22

3   **Technische Grundlagen** 25
     3.1   Bedienmöglichkeiten 26
         3.1.1   Single-Touch-Bedienung 26
         3.1.2   Multi-Touch-Steuerung 28
     3.2   Eingabemedien 31
         3.2.1   Maus / Tastatur 33
         3.2.2   Controller 35

	3.2.3 Berührungslose Interaktion	37
3.3	Ausgabemedien	39
	3.3.1 Stationäre Anzeigemedien	40
	3.3.2 Mobile Anzeigemedien	42
4	**Virtuelle Absicherung im Planungsprozess**	**49**
4.1	Der Produktentstehungsprozess	49
4.2	Der PEP in der Automobilindustrie	51
4.3	Einsatz und Bedeutung der virtuellen Absicherung	52
	4.3.1 Kontinuierlicher Verbesserungsprozess (KVP)	52
	4.3.2 3P-Workshop	53
	4.3.3 Virtuelle Absicherung	54
5	**Potenzial der Gestensteuerung im Planungskontext**	**57**
6	**Gesten für planerische Tätigkeiten**	**61**
6.1	Befehle bei der virtuellen Absicherung	61
6.2	Definition geeigneter Gesten für die virtuelle Absicherung	62
7	**Forschungsergebnisse zur Gestensprache**	**65**
7.1	Gesten im Forschungskontext	66
	7.1.1 Gestenlexikon nach Fikkert	67
	7.1.2 Gestenlexikon nach Pereira	71
7.2	Gesten und Zeichen als Kommunikationsmittel	73
	7.2.1 Die Gebärdensprache	73
	7.2.2 Das Taucheralphabet	77
	7.2.3 Das Fallschirmalphabet	78
7.3	Kongruente Zeichensprache	79
7.4	Ableitung von planerischen Gesten	80
7.5	Gesten im kulturellen Spannungsfeld	83
	7.5.1 Gebärden im internationalen Kontext	83
	7.5.2 Gesten im internationalen Kontext	84
	7.5.3 Internationale Studie zur Validierung der ermittelten Gesten	85
8	**MoviA – Mobile virtuelle Absicherung**	**89**
8.1	Vorbereitung zur Umsetzung	89

	8.1.1	Auswahl Use Cases 89
	8.1.2	Auswahl Anzeigegeräte 91
	8.1.3	Auswahl Interaktionsmedium 93
8.2	Aufbau von MoviA 95	
8.3	Prototyp 1 - Machbarkeit 96	
	8.3.1	Gewählte Technologie 96
	8.3.2	Gewählte Gesten 98
	8.3.3	Ergebnisse 99
8.4	Prototyp 2 - Nutzerstudie 99	
	8.4.1	Gewählte Technologie 100
	8.4.2	Gewählte Gesten 100
	8.4.3	Nutzerstudie 101
8.5	Exkurs – Weiterentwicklung 109	
	8.5.1	Gewählte Technologie 109
	8.5.2	Gewählte Gesten 110
	8.5.3	Ergebnisse 111

9 Kritische Würdigung und Fazit 113

9.1 Gestensteuerung als Bedienkonzept der Zukunft? 114

9.2 Zukünftige Herausforderungen 115

9.3 Abschließendes Fazit 116

Literaturverzeichnis 119
Anhang 133

Abbildungsverzeichnis

Abb. 1: Stärkung der Kommunikation zwischen Planung und Shopfloor 2
Abb. 2: Aufbau der vorliegenden Arbeit 4
Abb. 3: Einsatzbereiche der Digitalen Fabrik 8
Abb. 4: Einsatz und Definition des Simultaneous Engineering 10
Abb. 5: Reality-Virtuality-Continuum 12
Abb. 6: Drei Aspekte der Virtual Reality 13
Abb. 7: Übersicht über die Visualisierungsarten 15
Abb. 8: Beispiel einer kontextabhängigen Visualisierung mit kongruenter und nicht-kongruenter Überlagerung 15
Abb. 9: Industrielle AR-Anwendungen 16
Abb. 10: Einordnung von Trackingsystemen 17
Abb. 11: Trackingsysteme 18
Abb. 12: Bewegungsarten 20
Abb. 13: Tracking mittels Infrarot-LEDs und Reflexions-Markern 21
Abb. 14: Gelenke und Freiheitsgrade einer Hand 22
Abb. 15: Mensch-Computer-Interaktion im industriellen Umfeld 23
Abb. 16: Schematische Einordnung der menschlichen und technischen Ebene 25
Abb. 17: Einordnung der Bedienmöglichkeiten 26
Abb. 18: Vergleich der Auswahlgeschwindigkeit mit Maus-Bedienung, Ein-, Zwei- und Mehrfingriger Bedienung 27
Abb. 19: verschiedene Fingergesten für Touchpads 28
Abb. 20: Level of Success nach Studie von Burmester, Koller & Höflacher 2009, S.34 29
Abb. 21: Unterscheidung der Probanden nach jungen Teilnehmern (16 bis 27 Jahre) und älteren Teilnehmer (42 bis 65 Jahre) (nach Burmester, Koller & Höflacher 2009, S.34) 30
Abb. 22: Einordnung der Eingabegeräte 31
Abb. 23: Entwicklung der Interaktionsmedien 32
Abb. 24: Darstellung von Maus und Tastatur 33

Abbildungsverzeichnis

Abb. 25: Darstellung von Controllern 35
Abb. 26: Darstellung von Systemen zur Gestensteuerung 37
Abb. 27: Einordnung der Ausgabegeräte 40
Abb. 28: Übersicht der stationären Anzeigemedien 41
Abb. 29: Primäre und sekundäre Mobilitätsformen 43
Abb. 30: Darstellung mobiler Systeme 45
Abb. 31: Der klassische Produktentstehungsprozess 50
Abb. 32: Die Produktentwicklung innerhalb des PEP 50
Abb. 33: Referenzmodell für den PEP 51
Abb. 34: Darstellung des PDCA-Zyklus 52
Abb. 35: Die drei Dimensionen eines schlanken 3P-Workshops 53
Abb. 36: Verschiedene Stufen der virtuellen Absicherung 54
Abb. 37: Ausgangs- und Endposition der Studie "Attraktivitätsabgleich Maus, Stift und Geste" 57
Abb. 38: Ergebnisse aus UEQ zur Zufriedenheit der Eingabemedien Maus, Stift und Geste 58
Abb. 39: Ergebnisse des Workshops „Zuordnung geeigneter Gesten zu den Befehlen der virtuellen Absicherung" 62
Abb. 40: Intuitive Gesten für planerische Tätigkeiten 63
Abb. 41: Die 13 empfohlenen Gesten 72
Abb. 42: Die verschiedenen Klassen der Gebärdensprache 74
Abb. 43: Die Handformen der DGS 75
Abb. 44: Beispielsatz aus der DGS 76
Abb. 45: Tauchzeichen 77
Abb. 46: Ausgewählte Zeichen für Fallschirmspringer 78
Abb. 47: Abgleich übereinstimmender Gesten der verschiedenen Bereiche 80
Abb. 48: Identifikation und Evaluierung geeigneter Gesten aus wissenschaftlicher und Anwendersicht 81
Abb. 49: Ausgewählte Gesten für eine intuitive Steuerung 82
Abb. 50: Verschiedene Gesten zur Deutung eines guten Essens 83
Abb. 51: Der Begriff Baum in verschiedenen Gebärdensprachen 84
Abb. 52: Lautlos schalten in Australien, China und Mexiko links und in den meisten anderen Ländern rechts 85
Abb. 53: Die neun vorgestellten Gesten der internationalen Validierung 86
Abb. 54: Einordnung der virtuellen Absicherung im Produktentstehungsprozess ... 90

Abbildungsverzeichnis XV

Abb. 55: Anwendungsfall der Schraubfalluntersuchung 90

Abb. 56: Aufbau von MoviA 95

Abb. 57: Ringmenü und virtuelles Handmodell der ic.ido-Software der esi Group 97

Abb. 58: Gewählte Gesten für den MYO-Prototyp 98

Abb. 59: Gewählte Gesten für den Prototyp 2 100

Abb. 60: Erfahrung der Testpersonen zu verschiedenen Technologien 101

Abb. 61: Die im Rahmen der Nutzerstudie zu bearbeitenden Aufgaben 102

Abb. 62: Ergebnisse des SUS-Fragebogen 103

Abb. 63: Ergebnisse der einzelnen Items des UEQ-Tests 104

Abb. 64: UEQ-Benchmark der Gestensteuerung zu 163 Studien 105

Abb. 65: Ergebnis zur Validierung der Ergebnisse zur Steuerbarkeit 106

Abb. 66: Auswahl von qualitativen Aussagen während der Nutzerstudie 108

Abb. 67: Einsatzgebiete und Untersuchungsgegenstand des Prototyps 109

Abb. 68: Gesten für den weiterführenden Prototyp mit der Software Process Simulate 111

Abb. 69: MoviA erweitert um die Möglichkeit eines haptischen Feedbacks 112

Tabellenverzeichnis

Tab. 1: Gegenüberstellung der Trackingarten zu den Trackingverfahren 19

Tab. 2: Charakteristische Eigenschaften mobiler Endgeräte 46

Tab. 3: Untersuchte Gesten zu verschiedenen Befehlen nach Fikkert 69

Tab. 4: Aufgabenset der Studie "A User-Developed 3-D Hand Gesture Set for Human-Computer-Interaction" 71

Tab. 5: Negative Bedeutungen einzelner Gesten in den verschiedenen Ländern 87

Tab. 6: Kriterien für Anzeigemedien im industriellen Umfeld 92

Tab. 7: Analyse geeigneter Anzeigegeräte 93

Tab. 8: Analyse geeigneter Interaktionsmedien 94

Abkürzungsverzeichnis

2D	Zweidimensional
3D	Dreidimensional
3P	Product Preparation Process
AR	Augmented Reality
ASL	American Sign Language
B-2-B	Business to Business
B-2-C	Business to Customer
CAD	Computer Aided Design
CAVE	Cave Automatic Virtual Environment
CSL	Chinese Sign Language
DAEC	Deutscher Aero Club
DF	Digitale Fabrik
DGS	Deutsche Gebärdensprache
dof	degree of freedeom
EG	Europäische Gemeinschaft
GPS	Global Positioning System
GUI	Graphical User Interface
HMD	Head Mounted Display
HD	High Definition
ISO	International Organization for Standardization
IT	Informationstechnologien
IUUI	Intuitive Use of User Interfaces
KVP	Kontinuierlicher Verbesserungsprozess
LED	Light-Emitting Diode
MMI	Mensch Maschine Interaktion
MoviA	Mobile virtuelle Absicherung
NASA	National Aeronautics and Space Administration

OEM	Original Equipement Manufacturer
PDA	Personal Digital Assistant
PDCA	Plan Do Check Act
PEP	Produktentstehungsprozess
RSI	Repetitive Strain Injury
SIM	Subscriber Identity Module
SOP	Start of Production
SUS	System Usability Scale
TLX	Task Load Index
TOF	Time Of Flight
UEQ	User Experience Questionnaire
VDI	Verein Deutscher Ingenieure
vPPG	virtuelles Produkt Prozess Gespräch
VR	Virtual Reality
VT	Virtuelle Techniken
WWW	World Wide Web

Kurzfassung

Der aktuelle Trend der Digitalisierung zwingt Unternehmen dazu, ihre bisherige IT-Landschaft zu überdenken und neue Standards zu schaffen. Bei der Erfüllung dieser Anforderungen fällt aufgrund des hohen Abstimmungsbedarfes der unternehmensinternen Kommunikation eine Schlüsselrolle zu. Lediglich die Möglichkeit einer bereichsübergreifenden Kommunikation, kann zu einer Generierung von Know-How führen und so den Unternehmen nachhaltig einen Wettbewerbsvorteil bieten. Insbesondere im Bereich der Automobilindustrie bauen die Mitarbeiter der direkten Bereiche ein großes (Erfahrungs-) Wissen auf, weshalb häufig nur sie beurteilen können, inwiefern bestimmte Verbausituationen in der Realität umsetzbar sind oder nicht. Durch eine frühzeitige Kommunikation zwischen den Bereichen Produktion und Planung kann so ein gegenseitiger Wissensaustausch stattfinden, wodurch Kosten gesenkt, Anlaufphasen verkürzt und die Produktgestaltung optimiert werden kann.

Die hier vorliegende Arbeit befasst sich mit der Forschungsfrage, inwiefern moderne Technologien bei einer solchen Verschmelzung der Bereiche unterstützen können und welche Anforderungen sie erfüllen müssen, um die Kommunikation zwischen Planung und Shopfloor zu verbessern. Hintergrund dabei ist der erleichterte Zugang komplexer Systeme der Digitalen Fabrik für eine breitere Anwenderschaft durch den Einsatz intuitiver Bedienkonzepte. Hierfür wurde zunächst eine Grundlagenrecherche zu aktuellen Consumertechnologien vorgenommen, wobei in Anzeige- und Eingabe-medien unterschieden wurde. Da insbesondere die Bedienmöglichkeiten komplexer, speziell für Planer zugeschnittener Systeme eine Herausforderung für Personal der direkten Bereiche darstellen, soll im Rahmen dieser Arbeit eine natürliche Bedien-möglichkeit aufgezeigt werden - die Gestensteuerung. Um sich dabei an bereits bekannten und etablierten Gesten und Zeichen orientieren zu können, wird eine Recherche zu aktuell wissenschaftlich und alltäglich erprobten Gesten vorgenommen. Dazu werden einerseits wissenschaftliche Ansätze genutzt, aber auch die Gebärdensprache, sowie Zeichen aus dem Sportbereich finden Berücksichtigung. In einem weiteren Schritt werden die hierbei ermittelten Gesten international abgesichert um der voranschreitenden Globalisierung Rechnung tragen zu können.

Das Ergebnis ist MoviA, eine Mobile virtuelle Absicherung. Dieser Prototyp wird im Rahmen einer Nutzerstudie evaluiert und somit sukzessive weiterentwickelt. Dabei kann gezeigt werden, dass die Bedienung mittels einer Gestensteuerung einerseits eine große Akzeptanz für einfache Bedieninhalte findet, andererseits aber zur Erledigung komplexer Planungsaufgaben noch einer Weiterentwicklung hinsichtlich der Positionsgenauigkeit bedarf. Der Aspekt der Mobilität soll die ortsunabhängige Kommunikation unterstützen. Die große Akzeptanz der Mitarbeiter gegenüber der Verbindung bisheriger Planungssoftware und den Bedienmöglichkeiten der Spieleindustrie zeigt das Potenzial auf, welches es nun zu erschließen gilt.

Abstract

The current trend of digitalization forces companies to reassess their prevailling system landscapes in order to establish new standards. In order to meet these requirements, the internal communication plays a key role in coping with the need for coordination. An accumulation of knowledge, which can help to gain a sustainable competitive advantage, is only possible through a trans-sectoral communication. Especially the shopfloor workers in the automotive sector have a vast knowledge, which entitles them to evaluate cross sections and the order of assembly. An early communication between planning and shopfloor can thus enable a know-how transfer and thereby help to save money and increase the overall efficiency.

This dissertation deals with the question to what extent modern technology can support the collaboration of both, planning and shopfloor and which requirements have to be met to optimise the communication. This contains the possibility to provide complex systems of the digital factory to a wider range of users by introducing intuitive operating options. Therefore, a research of current consumertechnology is carried out, which differentiates between display- and input- technologies. To enable shopfloor-personnel to use complex planning tools, this dissertation tries to illustrate the chances a natural and intuitive input method like the gesture control can have. To be able to stick to scientifically founded and every day proven gestures an examination of sign languages is done and additionally takes those used in sports like diving or sykdiving into account. In a further step, these resulting gestures were internationally validated to take account of the ongoing globalisation.

The result is MoviA – the mobile virtual validation. This prototype is validated through a user study and is enhanced gradually. The results show the strong acceptance on the one hand, but the necessity of a strong improvement for the use in complex planning situations on the other hand. The intended mobility of MoviA ought to support the location-independent communication. The high employee acceptance shows the potential, which is to be made accessible. Contrary to previous attempts that tried to increase performance by optimizing the production, this work contributes to the application of intuitive, virtual and mobile methods to improve the internal communication and thereby supports the planning quality and cost-effectiveness.

1 Einführung

Die erste bewusste Handlung zur sozialen Kommunikation im Leben eines Menschen ist der gerichtete Fingerzeig. Diese Form des Ausdrucks durch Gesten ist dabei die natürlichste Form der Verständigung (Liszkowski et al. 2004, S.297ff.). Aufgrund der Tatsache, dass die Menge an Informationen in der heutigen Gesellschaft stetig wächst, wird es von immer größerer Bedeutung, dass diese einfach und intuitiv genutzt und weitergegeben werden können (Reil 2012, S.2 und Krcmar 2015, S.1). Informationen innerhalb eines Unternehmens zu kommunizieren und zu verwalten, wird zu einer der Kernaufgaben werden, welche mit Hilfe moderner IT-Systeme bewältigt werden muss. Dazu ist es notwendig, dass der Mensch sich nicht mehr an die Software anpasst, sondern die Software und Systeme so gestaltet sind, dass sie intuitiv von jedermann zu nutzen sind. Auf diese Weise können auch im industriellen Bereich alle Mitarbeiter eines Unternehmens eingebunden werden und Kommunikation kann zwischen allen Ebenen und Bereichen stattfinden. Aus diesem Grund versucht die Consumerindustrie immer mehr, natürliche Ausdrucksformen, wie beispielsweise Gesten, in die Bedienung ihrer Software zu integrieren, um eine möglichst intuitive Nutzbarkeit zu gewährleisten. Dieser Herausforderung stellt sich nun auch die Automobilindustrie. Komplexe Planungssysteme, die bisher lediglich von Experten bedient werden konnten, sollen zukünftig eine einfache Bedienweise ermöglichen, damit Mitarbeiter aller Bereiche, jeden Alters und Bildungsniveaus mit Planungsdaten arbeiten können und so einen Know-How-Austausch generiert werden kann. Aktuell findet mit der Gestensteuerung ein solcher Ansatz Einzug in den Fahrzeuginnenraum, um so das Info- und Entertainment-Angebot zu vergrößern (Grünweg 2014, o.S.). Der Fahrer ist so beispielsweise in der Lage, die Funktionen des Radios per Geste zu bedienen, was bereits eine große Akzeptanz am Markt hat. So können zum Beispiel Radiosender mit einer intuitiven Wischbewegung der Hand gewechselt werden ohne dafür den Blick von der Straße abwenden zu müssen.

Nun soll diese Form der Bedienung auch im 3D-Umfeld für komplexe Planungsaufgaben Anwendung finden, was Inhalt dieser Arbeit sein soll.

1.1 Zielsetzung und zentrale Forschungsfrage

Eine der zentralen Herausforderungen, der sich jedes Unternehmen stellen muss, ist das innerbetriebliche Informations- und Wissensmanagement. Die Einrichtung und Optimierung unterstützender Instanzen kann dazu beitragen, neue Potenziale zu erschließen und zu erhalten.

Ziel dieser Arbeit und damit auch die leitende Forschungsfrage ist es zu klären, inwiefern eine Bedienung mittels Gesten dabei unterstützen kann, und welche Anforderungen diese erfüllen muss, um die Kommunikation zwischen Planung und Shopfloor im Bereich der Automobilindustrie zu optimieren. Dabei soll auch die unterschiedliche Bedeutung gewisser Gesten im internationalen Kontext Berücksichtigung finden. Hierfür sollen bisherige Ansätze und Methoden der Digitalen Fabrik dahingehend durch neue Werkzeuge erweitert werden, dass eine breitere Nutzerbasis durch den Einsatz intuitiver Bedienmöglichkeiten geschaffen und so ein Wissens-transfer aus bisher nicht integrierten Bereichen hergestellt werden kann. In der Automobilindustrie gibt es nach wie vor die Herausforderung, Mitarbeiter aus produktiven Bereichen (Werker, Shopfloormitarbeiter) frühzeitig in die Planungsprozesse mit-einzubeziehen. Dies ist zum einen aus Gründen der geforderten Transparenz sinnvoll, zum anderen bietet es aber auch die Möglichkeit vorhandenes, aber bisher ungenutztes Potenzial von der Linie in die Planungsprozesse zu integrieren. Abb. 1 verdeutlicht diese Kommunikationswege.

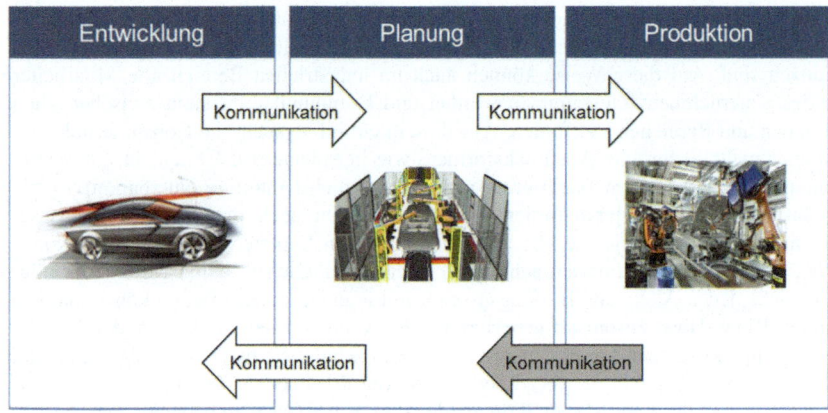

Abb. 1: Stärkung der Kommunikation zwischen Planung und Shopfloor

In produzierenden Unternehmen ist es von hoher Bedeutung, eine Datendurchgängigkeit zu erhalten, wobei dabei stets die Aktualität der vorhandenen Daten sichergestellt sein muss. Um hier eine valide Basis zu schaffen, ist eine Kommunikation zwischen den Schnittstellen Entwicklung, Planung und Produktion notwendig. In Abb. 1 ist zu erkennen, dass der Kommunikationsweg zwischen Produktion und Planung bisher noch nicht durchgängig etabliert ist. Einer der Hauptgründe dafür ist, dass es die aktuellen Planungssysteme noch nicht erlauben, eine schnelle Übersicht der Werkzeuge zu erlangen, weshalb diese bisher lediglich bei Experten Anwendung finden. Jedoch ist gerade dieser Kommunikationsaspekt für den Bereich der Planung von hoher Bedeutung, da in der Realität häufig Umstände vorliegen, die vorher nicht bemerkt und damit auch nicht abgesichert werden konnten. Aus diesem Grund gestaltet sich ein Wissensaustausch schwierig, virtuelle Planungsdaten und reale Welt finden nur selten Abgleich.

Im Rahmen dieser Arbeit soll die Eignung verschiedener, bereits verfügbarer Consumertechnologien dahingehend untersucht werden, dass komplexe, bereits existierende Planungssysteme in ihrer Bedienung soweit vereinfacht werden, dass Planer und Shopfloormitarbeiter gemeinsam arbeiten können. Dabei dienen die neuen Technologien als Kommunikationsplattform, die erstmalig einen durchgängigen Austausch und die Nutzung von Wissen sowohl aus den direkten als auch indirekten Bereichen ermöglichen sollen. Insbesondere in frühen Planungsphasen, genauer im Rahmen virtueller Absicherungen, ist es sinnvoll, das Wissen der Shopfloormitarbeiter zu integrieren, um so eine verbesserte Planungsqualität zu erhalten. Im Falle von Baubarkeits- oder Machbarkeitsuntersuchungen ist es von großem Interesse, die planerischen Tätigkeiten, mit dem Wissen der Linienmitarbeiter bezüglich der realen Gegebenheiten zu vereinen. Bisher waren Einschränkungen eines solchen Austausches der Komplexität vorhandener Systeme für Experten geschuldet, die eine Nutzung für unerfahrene Mitarbeiter nahezu unmöglich machte. Jedoch soll der Einzug intuitiver Bedienmöglichkeiten dieser Nutzungshemmschwelle entgegenwirken. Ein Prototyp zur Mobilen virtuellen Absicherung (MoviA), welcher einerseits eine ortsunabhängige Betrachtung der Planungsinhalte und andererseits eine intuitive Bedienung der Systeme ermöglicht, dient dabei als Grundlage. In diesem Fall soll zunächst die virtuelle Verschraubung der Heckleuchte als Anwendungsfall dienen. Die intuitive Bedienung wird mit Hilfe einer Gestensteuerung erreicht, da diese im Idealfall kein Wissen bezüglich des Umgangs mit Eingabemedien voraussetzt und somit ein Höchstmaß an Intuitivität ermöglicht. Eine Nutzerstudie gibt weiterhin darüber Aufschluss, welche Hürden es noch zu bewältigen gilt, um eine bestmögliche Intuitivität und Nutzbarkeit einer solchen Gestensteuerung im täglichen Planungs-prozess zu erlangen.

1.2 Aufbau und Vorgehensweise der Untersuchung

Bei der Erreichung des gesteckten Ziels war es hierbei notwendig, sowohl die Seite der produzierenden Industrie, als auch die der neuen IT-Technologien näher zu beleuchten. Da am Ende eine Verschmelzung dieser beiden Welten stattfinden sollte war es wichtig, Consumerprodukte in Hinblick auf planerische Tätigkeiten zu untersuchen. Dabei werden Consumerprodukte hierbei als Eingabemedien der Mensch-Maschine-Interaktion betrachtet, also Technologien, die es dem Menschen ermöglichen mit virtuellen Daten in Aktion zu treten. Die Arbeit gliedert sich in neun Kapitel. Abb. 2 bietet noch einmal einen umfassenden Überblick über die hier beschriebene Vorgehensweise.

Kapitel 1 beschäftigt sich mit einem Umriss der aktuell vorherrschenden Situation und dem daraus abgeleiteten Handlungsbedarf einer intuitiven und mobilen Planungsmöglichkeit für heutige Industrieunternehmen. Dabei wird auch die allgemeine Forschungsfrage abgeleitet, der sich diese Arbeit widmet. Anschließend daran werden in **Kapitel 2** die wissenschaftlichen Grundlagen dargelegt. Hierbei wird zunächst der Rahmen der Digitalen Fabrik, in dem sich diese Arbeit bewegt, abgesteckt, um im Anschluss genauer auf die in diesem Kontext eng verankerten Virtuellen Techniken zu sprechen zu kommen.

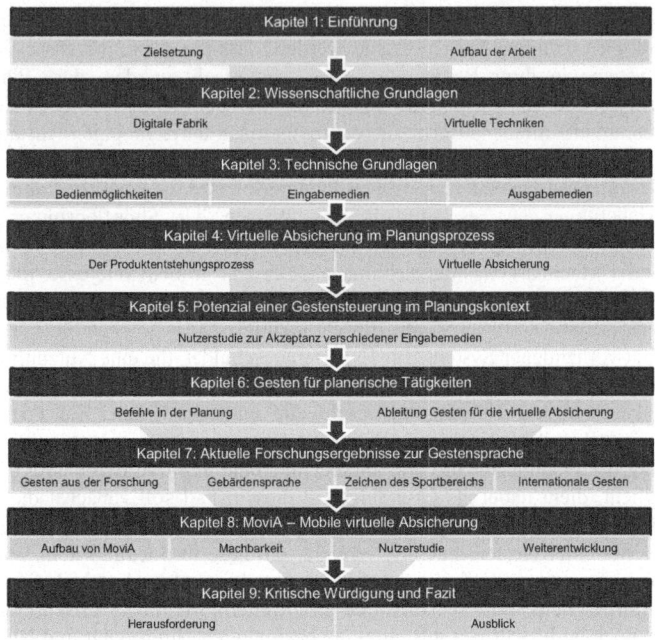

Abb. 2: Aufbau der vorliegenden Arbeit

Kapitel 3 beschäftigt sich mit den technischen Grundlagen, wobei die aktuell am Markt verfügbaren Consumertechnologien für Anzeige- und Bedienmöglichkeiten erläutert werden, sodass darauf aufbauend im späteren Verlauf der Arbeit eine Technologieauswahl getroffen werden kann. Weiterhin wird die Touchbedienung beschrieben, sowie die anschließende Weiterentwicklung des Multi-Touch-Konzeptes und einer berührungslosen Interaktion. **Kapitel 4** beschreibt den betrieblichen Rahmen, in dem der Bedarf einer solchen Lösung gesehen wird. Dabei werden herkömmliche 3P-Workshops[1] sowie die virtuelle Absicherung näher beleuchtet und zeitlich in den Produktentstehungsprozess[2] eingeordnet. **Kapitel 5** beschreibt im Rahmen verschiedener Untersuchungen die große Attraktivität und damit den Wunsch nach einer Bedienmöglichkeit mittels Gesten. In **Kapitel 6** wird eine Empfehlung für ein Gestenset zur Nutzung im planerischen Kontext gegeben. Hierfür werden zunächst Funktionen besprochen, die für den planerischen Einsatz notwendig sind um anschließend hierfür sinnvolle Gesten zu erarbeiten und im Rahmen eines Workshops gemeinsam mit Planern abzusichern. **Kapitel 7** stellt den aktuellen Stand der Forschung zu berührungslosen Bedienmöglichkeiten vor. Im Folgenden werden Anwendungsbeispiele der Gestennutzung im Alltag, wie zum Beispiel die Gebärdensprache, vorgestellt. Darüber

---

[1] Der Begriff „3P" steht für „production preparation process" (dt. Produktionsvorbereitungsprozess) und beschreibt einen definierten Prozess, in dem Freiraum zum kreativen Denken geschaffen wird (Plsek 2014, S.46).

[2] Auf den Produktentstehungsprozess (PEP) wird genauer in Kapitel 4.1 eingegangen.

1.2 Aufbau und Vorgehensweise der Untersuchung

hinaus werden auch andere Anwendungen von Zeichensprache im Sport beschrieben. Eine Gegenüberstellung der wissenschaftlich und praktisch genutzten Gesten wird daraufhin vorgenommen. Im Anschluss wird eine Auswahl an Gesten mittels einer Befragung international abgesichert. Um eine inhaltliche Einordung möglich zu machen wird in **Kapitel 8** zunächst eine fachliche Einordnung vorgenommen, also ein konkreter Anwendungsfall erarbeitet, auf dessen Grundlage eine virtuelle Absicherung mit Hilfe einer Gestensteuerung vorgenommen werden soll. Im weiteren Verlauf wird eine Technologieauswahl durchgeführt, indem die identifizierten Technologien aus Kapitel 3 den industriellen Anforderungen gegenübergestellt werden. Der hieraus entwickelte und evaluierte Prototyp MoviA wird zunächst in Funktion und Aufbau beschrieben, dabei wird die stufenweise Weiterentwicklung am Beispiel verschiedener Prototypen erläutert. Weiterhin wird eine Nutzerstudie zur Ermittlung der Nutzerzufriedenheit mithilfe zweier quantitativer Methoden (System Usability Scale und User Experience Questionnaire[3]) durchgeführt. Eine Validierung findet im Rahmen einer weiteren Studie statt, die die Positions-genauigkeit und die benötigte Zeit verschiedener Eingabemedien gegenüberstellt. Darüber hinaus bietet ein Exkurs einen Überblick über die Weiterentwicklung des Prototyps in Hinblick auf ein mögliches haptisches Feedback für Schraubfall-untersuchungen. Eine Zusammenfassung der Ergebnisse ist in **Kapitel 9** zu finden, wobei hier noch einmal die aktuellen Herausforderungen aufgezeigt und im Rahmen eines Ausblicks diskutiert werden. Dabei werden Möglichkeiten zur Weiterentwicklung in Form von offenen, im Verlauf der Arbeit aufgetretenen, Fragestellungen aufgezeigt und das eigene Vorgehen bewertet.

---

[3] Genauere Informationen zu den SUS- und UEQ-Fragebögen sind Kapitel 8.4.3 zu entnehmen.

2 Wissenschaftliche Grundlagen

In diesem Kapitel sollen die wissenschaftlichen Grundlagen erarbeitet werden, die für das weitere Verständnis relevant sind. Dabei sollen zunächst die Digitale Fabrik und verschiedene virtuelle Techniken erläutert, sowie ihre Relevanz im Kontext der Automobilindustrie, insbesondere im Bereich der Planung, herausgestellt werden. Auf der Suche nach geeigneten Werkzeugen und Methoden zur Effizienzsteigerung, um im weltweiten Wettbewerb bestehen zu können, nimmt die Bedeutung virtueller Techniken stetig zu, während in diesem Zusammenhang auch die Rolle des Menschen vermehrt in den Fokus der Betrachtung rückt.

2.1 Ansatz und Aufgaben der Digitalen Fabrik

Die Integration der am Markt verfügbaren Technologien in bestehende Planungsprozesse fällt zum einen in den Bereich der Digitalen Fabrik und insbesondere auch in den Bereich der IT. Der Begriff der Digitalen Fabrik hat in den letzten Jahren eine weite Verbreitung erfahren. Nicht zuletzt durch die neuesten Entwicklungen im Bereich der Industrie 4.0[4] ist der Einsatz der Methoden und Techniken dieses Ansatzes noch weiter in das Bewusstsein der verschiedenen Industriezweige vorgedrungen (Krückhans & Meyer 2013, S.31).

Definiert wurde der Begriff in der VDI Richtlinie 4499 wie folgt:

„Die Digitale Fabrik ist der Oberbegriff für ein umfassendes Netzwerk von digitalen Modellen, Methoden und Werkzeugen – u.a. der Simulation und 3D-Visualisierung –, die durch ein durchgängiges Datenmanagement integriert werden.

Ihr Ziel ist die ganzheitliche Planung, Evaluierung und laufende Verbesserung aller wesentlichen Strukturen, Prozesse und Ressourcen der realen Fabrik in Verbindung mit dem Produkt (VDI 4499 2008, S.3).*"*

Mit Hilfe dieser Definition wurde erstmals branchenübergreifend verdeutlicht, welche Aufgabe die Digitale Fabrik in der Industrie eingenommen hat. Es handelt sich hierbei nicht mehr lediglich um ein „reines" Softwarethema, vielmehr nimmt die Organisation und Abstimmung von Prozessen und Methoden einen hohen Stellenwert ein (Bracht,

---

[4] Nach *Vogel-Heuser* ist *„ein wesentliches Kennzeichen von Industrie 4.0 [ist] die Informationsaggregation im Engineering und Betrieb über verschiedene Projekte, Anlagen und Anlagenbetreiber hinweg."* (Vogel-Heuser 2014, S.36).

Geckler & Wenzel 2011, S.12). Die genauen Bereiche, die im Rahmen der Digitalen Fabrik fokussiert werden, sind in der folgenden Abbildung dargestellt:

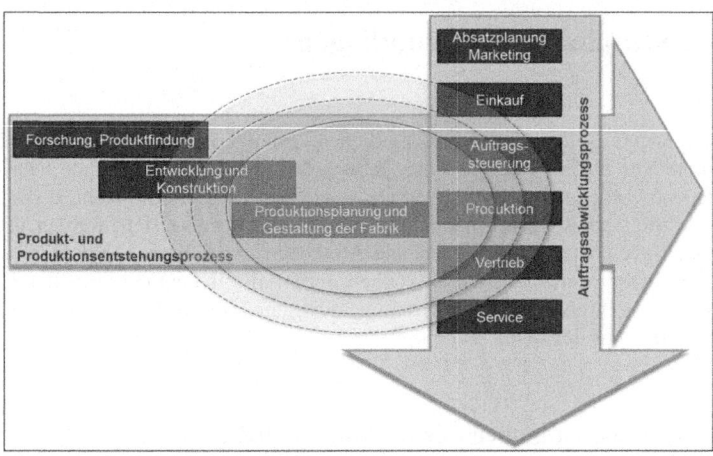

Abb. 3: Einsatzbereiche der Digitalen Fabrik (vgl. VDI 4499 2008, S.3)

Die Digitale Fabrik steht im Zentrum zwischen Produkt- und Produktionsentstehungsprozess auf der einen Seite, und dem Auftragsabwicklungsprozess auf der anderen Seite, das Hauptaugenmerk liegt auf der „Produktionsplanung und Gestaltung der Fabrik". Von besonderer Bedeutung ist hierbei die Verbindung von technischen und wirtschaftlichen Daten und Modellen, die eine ganzheitliche Betrachtung ermöglichen. Es wird ein Datenaustausch erforderlich, der nun unternehmensintern zwischen Konstrukteuren, Planern und Mitarbeitern der Produktion erfolgen kann, aber auch externe Dienstleister, wie z.b. die entsprechenden Zulieferer, frühzeitig in die geplanten Prozesse mit einbezieht (Bracht, Geckler & Wenzel 2011, S.12ff. und VDI 4499 2008, S.3f.). Dennoch wird es zunehmend wichtiger, den Nutzen der Digitalen Fabrik messbar zu machen, da durch die Einführung verschiedener Systeme der Digitalen Fabrik z.T. sehr hohe Investitions- sowie Wartungs- und Betriebskosten entstehen (Krückhans & Meyer 2013, S.33 und Brosch 2014, S.19).

Nach *Bracht und Spillner* ist der aus der Verwendung der Werkzeuge der Digitalen Fabrik resultierende Nutzen bedeutend (Bracht & Spillner 2009, S.650). Insbesondere die Planungsqualität profitiert von diesen Ansätzen. Durch den Einsatz einer digitalen Absicherung, verringert sich die Zahl der Planungsfehler um bis zu 70 Prozent, da durch die vorherige virtuelle Betrachtung Fehler wie z.B. Maßungenauigkeiten oder fehlerhafte Toleranzen festgestellt werden können, ohne dazu kostenintensive Prototypen einsetzen zu müssen. Unter anderem resultiert hieraus eine Verringerung der Planungszeit um nahezu ein Drittel. Eine virtuelle Absicherung (vgl. Kapitel 4.3.3) verringert die Notwendigkeit späterer Nachbesserungen nachweislich, so werden die Änderungskosten beispielsweise um 15 Prozent und die Investitionskosten um 10 Prozent reduziert (Bracht & Spillner 2009, S.650). Nicht zuletzt aus diesem Grund hat

2.1 Ansatz und Aufgaben der Digitalen Fabrik

die Digitale Fabrik bereits in zahlreichen Branchen Einzug gehalten und wird dabei ganzheitlich über verschiedene Phasen des Produktentstehungsprozesses (vgl. Kapitel 4.1) eingesetzt (Brosch 2014, S.18ff).

2.1.1 Die Digitale Fabrik in der Automobilindustrie

Besonders die Automobilindustrie hat bereits sehr früh den Nutzen der Digitalen Fabrik erkannt und nimmt somit eine Vorreiterrolle auf diesem Gebiet ein. Aufgrund der hohen Stückzahlen, der Variantenvielfalt, des hohen Qualitätsanspruchs aber auch der hohen Kosten, sind die Automobilhersteller dazu übergegangen, ihre Prozesse mit Hilfe der Werkzeuge, Methoden und verschiedenen Modelle der Digitalen Fabrik abzusichern und zu planen (Bracht, Geckler & Wenzel 2011, S.268). Besondere Bedeutung kommt diesen Werkzeugen heute vor allem in den folgenden Bereichen zu (Schmickartz 2014, S.12):

- Produktentwicklung
- Fabrik- und Produktionsplanung
- Inbetriebnahme und Anlauf der Produktion
- Produktionsbetrieb und Auftragsmanagement

Heutzutage ist es undenkbar, neue Fahrzeuge und die dazugehörigen Prozesse einzuführen, ohne diese vorab virtuell abgesichert zu haben. Dafür ist es wünschenswert, jederzeit ein virtuelles Abbild der Fabrik zur Verfügung zu haben, um sowohl neue Prozesse besser planen zu können, als auch eine frühzeitige Absicherung der entstehenden Strukturen, wie z.B. Hallen, Gebäuden oder Fahrzeugen, sicherzustellen. Hierbei ist anzumerken, dass im Fokus der Digitalen Fabrik auch alle Fertigungs- und Logistikaspekte miteinbezogen und berücksichtigt werden (Bracht, Geckler & Wenzel 2011, S.261f). Dieser hier beschriebene interdisziplinäre Ansatz wird durch das sogenannte Simultaneous Engineering fortgeführt, welches im Folgenden näher beschrieben werden soll.

2.1.2 Simultaneous Engineering

Unternehmen unterliegen der ständigen Anforderung, Zeit und Kosten zu senken, während auf der anderen Seite die Qualität der Produkte steigen soll (Töpfer & Günther 2007, S.10). Aufgrund der Tatsache, dass die Komplexität der einzelnen Produkte jedoch parallel dazu steigt und auch die Variantenvielfalt in den letzten Jahren einen enormen Anstieg erfahren hat, wird es immer schwieriger, dieser Forderung gerecht zu werden (Ponn & Lindemann 2011, S.247).

Der zeitgleiche Ablauf von Prozessen im Rahmen des Simultaneous Engineering soll dabei als Schlüssel dienen, die Effektivität und Effizienz der Unternehmen zu steigern. Diesem Prinzip liegt die Idee zugrunde, dass in der Vergangenheit streng sequentiell durchgeführte Abläufe nun parallel und synchronisiert durchgeführt werden sollen. Um dies zu ermöglichen, ist es von hoher Bedeutung, in bereichsübergreifenden Teams zu arbeiten, da nur hierdurch der benötigte intensive Informationsaustausch gewährleistet werden kann. Angelehnt an den „Toyotismus[5]" soll hierbei bereits in der sehr frühen Phase des Produktentstehungsprozesses (vgl. Kapitel 4.1) angesetzt werden, um Produktplanung und Produktionsmittelplanung näher zusammenzubringen (Eversheim, Bochtler & Laufenberg 1995, S.1f.). Die folgende Abbildung soll helfen, das Simultaneous Engineering im Produktionskontext einzuordnen.

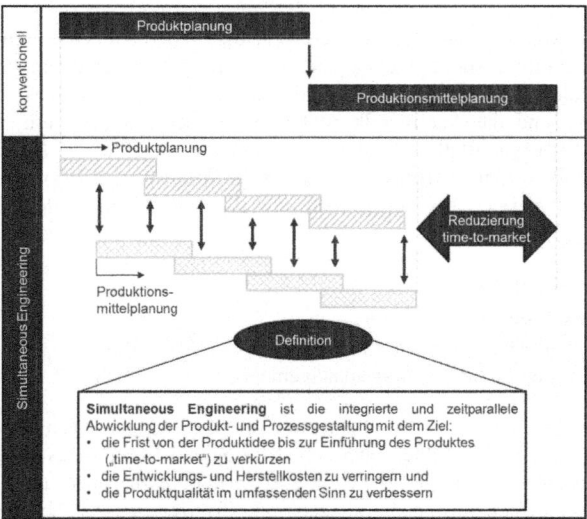

Abb. 4: Einsatz und Definition des Simultaneous Engineering (vgl. Eversheim, Bochtler & Laufenberg 1995, S.2)

Während bisher die Produktionsmittelplanung erst im Anschluss an die Produktplanung durchgeführt wurde, wird nun versucht, diese Phasen von Beginn an mit zeitlicher Überlappung ablaufen zu lassen und somit eine Reduzierung der „time-to-market", also der Zeit bis zur Markteinführung, zu ermöglichen. Im Rahmen des Simultaneous Engineering wurde festgestellt, dass während des Produktentstehungsprozesses häufig die effiziente Zusammenarbeit eine Herausforderung darstellt. Diese Tatsache kann in Verhaltens- und Sachprobleme unterschieden werden.

Laut *Eversheim, Bochtler und Laufenberg* (1995) sind die größten Verhaltensprobleme während des Produktentstehungsprozesses u.a.:

- *„mangelndes Verantwortungsbewusstsein,*
- *umständliche Entscheidungsfindung,*

---

[5] Der Toyotismus (auch bekannt als Toyota-Produktionssystem) beschreibt ein System mit dem Ziel, eine höchstmögliche Produktivität zu erreichen, wobei verschiedene Prinzipien wie unter anderem Jidoka (Qualitätssteigerung durch frühzeitige Fehlererkennung und –beseitigung) und Just-in-Time, Berücksichtigung finden. Weitere Informationen sind **Ohno, T. (1988).** *Toyota Production System – Beyond Large-Scale Production.* (New York: Productivity Press) zu entnehmen.

2.2 Virtuelle Techniken

- *ungenügendes Kommunikationsverhalten,*
- *fehlende Team- und Kritikfähigkeit,*
- *Hierarchie- und Abteilungsdenken sowie*
- *starke Funktionsorientierung."* (Eversheim, Bochtler & Laufenberg 1995, S.6)

Die meist bekannten Sachprobleme sind hingegen:

- *„ungenaue Zielvorgaben,*
- *„Overengineering",*
- *fehlende Projektplanung,*
- *Schnittstellenvielfalt,*
- *Informationsdefizite,*
- *Intransparenz der Abläufe,*
- *Starke Interdependenzen zwischen Vorgängen und*
- *viele rückgekoppelte Prozesse."* (Eversheim, Bochtler & Laufenberg 1995, S.6f.)

Aufgrund der heute verbreiteten hohen Spezialisierung und arbeitsteiligen Prozessen in Unternehmen, entstehen verschiedene Kommunikationsbarrieren. Besonders ausgeprägt sind hierbei bereichsspezifische Gruppenbildungen. Diese führen dazu, dass vorhandenes Expertenwissen teilweise lediglich in Form von Erfahrungswerten vorhanden ist und somit nicht in dokumentierter Weise vorliegt. Dadurch wird der notwendige Wissenstransfer unterbunden (Eversheim, Bochtler & Laufenberg 1995, S.7). Bis heute wird daran gearbeitet, diesen zu unterstützen und vorteilhaft zu gestalten, was im weiteren Verlauf dieser Arbeit aufgegriffen werden soll. Gerade der Einsatz virtueller Techniken bietet das Potenzial, hierfür ein geeignetes Werkzeug zu sein, da Inhalte bildhaft und in Realgröße dargestellt werden und somit eine Kommunikation erleichtern können.

2.2 Virtuelle Techniken

Ein Element der Digitalen Fabrik stellen die virtuellen Techniken dar. Diese befassen sich insbesondere mit der digitalen Abbildung verschiedener Bereiche des Fabriklebenszyklus und damit auch der Interaktion mit diesen Inhalten (Schraft & Bierschenk 2005, S.14ff.). Bestandteil dieser Virtuellen Techniken sind Virtual Reality (VR) und Augmented Reality (AR) (Schreiber & Doil 2008, S.5). Eine Einordung dieser beiden Techniken sowie ihr Bezug zur Mixed Reality ist dem Reality-Virtuality-Continuum zu entnehmen, welches von *Paul Milgram* geprägt wurde:

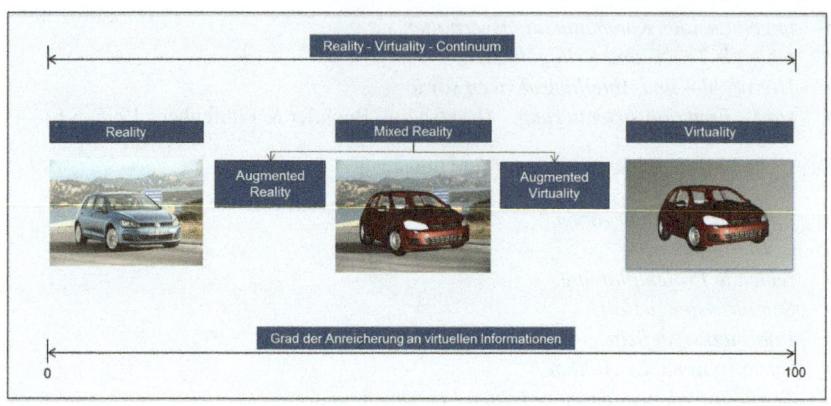

Abb. 5: Reality-Virtuality-Continuum (Fleischmann 2012, S. 19 nach Milgram et al. 1995, S.283)

Das Reality-Virtuality-Continuum bildet die beiden Extrema *Realität* und *Virtualität* an den beiden äußeren Enden des Strahles ab. Während das erste die Wahrnehmung der Realität darstellt, so beschreibt das zweite die Wahrnehmung einer komplett rechnergenerierten Umgebung. Dazwischen findet sich die Wahrnehmung der Mixed Reality (engl.: Misch-Realität) wieder, die einen Anteil an beidem beinhaltet. Diese lässt sich wiederum in die Teilbereiche der erweiterten Realität (engl.: Augmented Reality) und erweiterte Virtualität (engl.: Augmented Virtuality) unterteilen, wobei eine Unterscheidung in der Praxis mittlerweile kaum mehr vorgenommen wird. Bei der Augmented Reality liegt der Fokus dabei eher auf der Wahrnehmung der realen Umgebung, die vom Betrachter bevorzugt wahrgenommen werden soll, wobei bei der Augmented Virtuality eher die rechnergestützten Modelle wahrgenommen werden (Milgram et al. 1995, S.283). Eine genaue Definition dieser Techniken soll in den nächsten Kapiteln folgen.

2.2.1 Virtual Reality

Das Arbeiten mit virtuellen Daten bietet die Möglichkeit, schon früh Planungen, sowie Einbau- und Kollisionsuntersuchungen durchführen zu können, da der Planer nicht mehr auf real produzierte Bauteile und Prototypen angewiesen ist. Hierbei wird mit verschiedensten Systemen gearbeitet, um die Realität als virtuelle Welt in frühen Phasen des Planungsprozesses abbilden zu können (Brosch 2014, S.45ff. und Bracht, Geckler & Wenzel 2011, S.257). Der Begriff, der diese Darstellungsform vereint ist die Virtual Reality oder das Virtual Reality-System:

„Ein VR-System nennen wir ein Computersystem, das aus geeigneter Hardware und Software besteht, um die Vorstellung einer Virtuellen Realität zu realisieren. Den mit dem VR-System dargestellten Inhalt bezeichnen wir als Virtuelle Welt. Die Virtuelle Welt umfasst z.B. Modelle von Objek-

2.2 Virtuelle Techniken

ten, deren Verhaltensbeschreibung für das Simulationsmodell und deren Anordnung im Raum. Wird eine Virtuelle Welt mit einem VR-System dargestellt, sprechen wir von einer Virtuellen Umgebung für einen oder mehrere Nutzer." (Dörner et al. 2013, S.7).

Besonders wichtig ist es hierbei, eine Interaktion zwischen dem Nutzer und der virtuellen Welt zu ermöglichen. Dadurch wird auch häufig die Schnittstelle zur Mensch-Maschine-Kommunikation gesehen (vgl. Kapitel 2.2.5). Besonders, um ein Produkt genau planen zu können, muss es dem Anwender ermöglicht werden, mit den virtuellen Modellen zu arbeiten. Dabei ist die Möglichkeit zur Interaktion so auszulegen, dass verschiedene Szenarien entwickelt und durch eine effiziente Bedienung leichter eine „beste Lösung" gefunden werden kann (Schenk, Wirth & Müller 2014, S.751). Dabei wird bei der VR in drei Aspekte unterschieden: Die Imagination, die Interaktion und die Immersion.

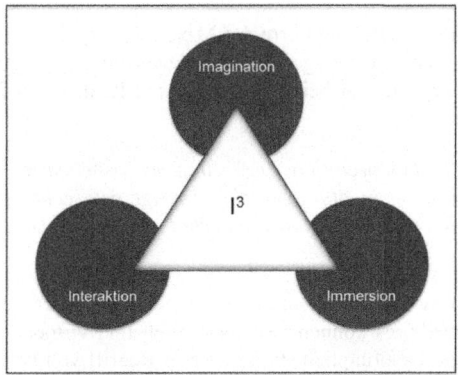

Abb. 6: Drei Aspekte der Virtual Reality (vgl. Burdea & Coiffet 2003, S.4)

Die Imagination zielt insbesondere darauf ab, dass der Anwender sich in den jeweiligen virtuellen Ort „hineinversetzen" kann und besonders auch das Gefühl bekommt, sich tatsächlich dort zu befinden. Diese Ortsillusion unterstützt damit maßgeblich die Immersion[6], die sich darauf bezieht, den Nutzer in die virtuelle Welt „eintauchen" zu lassen. Je besser sich der Anwender in der virtuellen Welt orientieren kann, desto höher ist hier der Immersionsgrad. Letztendlich muss für eine realistische Darstellung eine Interaktion ermöglicht werden. Der Nutzer soll die Möglichkeit besitzen, virtuelle Gegenstände zu *greifen*, zu *bewegen* oder in irgendeiner Art und Weise mit ihnen zu interagieren (vgl. Kapitel 3.2) (Spillner 2012, S.93).

---

[6] Immersion wird im *Duden* als das Eintauchen in eine virtuelle Umgebung definiert.

2.2.2 Mixed Reality

Der Bereich der Mixed Reality befindet sich zwischen der Realität und der absoluten Virtualität. Sie kann sich in der Ausprägung an virtuellen Aspekten im realen Bild unterscheiden. Es werden virtuelle Daten im realen Kontext angezeigt, wodurch der Nutzer Zusatzinformationen erhalten kann. Lediglich die Art und Dichte der virtuellen Daten verändern die Zuordnung von einer Augmented Reality zu einer Augmented Virtuality. Bei letzterem liegt der Anteil an virtuellen Daten bereits über 50 Prozent und es findet eine starke Verschmelzung zwischen dem Betrachter und der virtuellen Welt statt. Bei der Mixed Reality sind die Übergänge von virtueller und realer Welt sehr fließend dargestellt, wodurch eine Trennung kaum noch möglich erscheint (Milgram et al. 1995, S.238f.).

2.2.3 Augmented Reality

Die Augmented Reality stellt eine Form der Mixed Reality dar. Es handelt sich dabei meist um eine kongruente[7] Überlagerung von Gegenständen (Tegtmeier 2006, S.20). Im Rahmen der vorliegenden Arbeit soll Augmented Reality wie folgt definiert werden:

„Augmented Reality beschreibt die Ergänzung der visuellen Wahrnehmung des Menschen durch die situationsgerechte Anzeige von rechnergenerierten Informationen auf im Sichtfeld positionierten, tragbaren Geräten." (Alt 2003, S.3).

Die Augmented Reality beschreibt somit eine Anreicherung der Realität um virtuelle, computerbasierte Inhalte, es können also reale Welt und virtuelle Daten miteinander verschmolzen werden. Ursprünglich stammt dieser Begriff von Ivan Sutherland. Auch hier wird die reale Welt um virtuelle Inhalte *erweitert* (engl. to augment) (Sutherland 1968, S.759ff.). Es wird in unterschiedliche Visualisierungsarten der Augmented Reality unterteilt, welche in der folgenden Abbildung zu sehen sind:

---

[7] In diesem Fall ist mit kongruent die geometrische Definition „deckungsgleich" gemeint.

2.2 Virtuelle Techniken 15

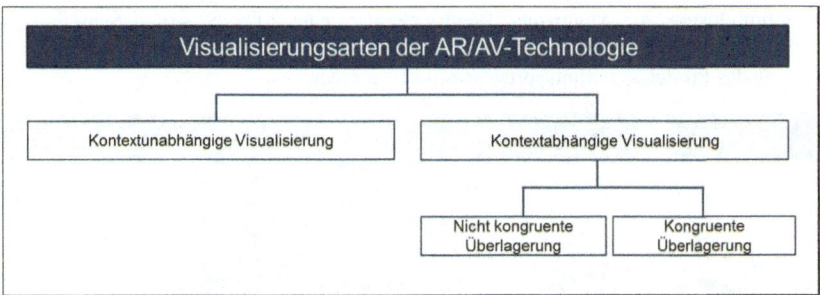

Abb. 7: Übersicht über die Visualisierungsarten (nach Tümler 2009, S.8 und Hoffmeyer 2013, S.16)

Virtuelle Informationen können auf unterschiedliche Weise dargestellt werden – als kontextabhängige sowie kontextunabhängige Visualisierung. Bei der kontextunabhängigen Visualisierung besteht dabei kein direkter Zusammenhang zur realen Welt, sie ist also *zusammenhangslos*. Im Gegensatz dazu steht die kontextabhängige Visualisierung, die eine Anreicherung an Informationen passend in Verbindung zur realen Umgebung gibt, so wie es die folgende Abbildung darstellt (Tümler 2009, S.8f.):

Abb. 8: Beispiel einer kontextabhängigen Visualisierung mit kongruenter und nicht-kongruenter Überlagerung (Bloxham 2013, o.S. und Buskirk 2009, o.S.)

Im Falle von Augmented Reality liegt immer ein Bezug zur Realität vor, weshalb es sich um eine kontextabhängige Visualisierungsart handelt. Diese Art der Visualisierung lässt sich wiederum in eine nicht kongruente und in eine kongruente Überlagerung unterteilen. Bei ersterer werden die Informationen in Abhängigkeit des Ortes angegeben, sind jedoch nicht lagesynchron mit einem realen Objekt verknüpft, wie es bei der kongruenten Überlagerung erforderlich ist. Letztere berücksichtigt zusätzlich die Blickrichtung des Anwenders (Tümler 2009, S.8f.). Entstanden ist diese Technologie aus dem militärischen Sektor (Tegtmeier 2006, S.36f. und Pentenrieder 2009, S.14). Seit Anfang der 90er Jahre nutzt auch die Industrie, darunter verstärkt die Automobilindustrie, die Augmented Reality (Pentenrieder 2009, S.14 und Schreiber & Doil 2008, S.15). Hierbei wird in folgende unterschiedliche Anwendungsbereiche entlang des Produkterstellungsprozesses unterschieden:

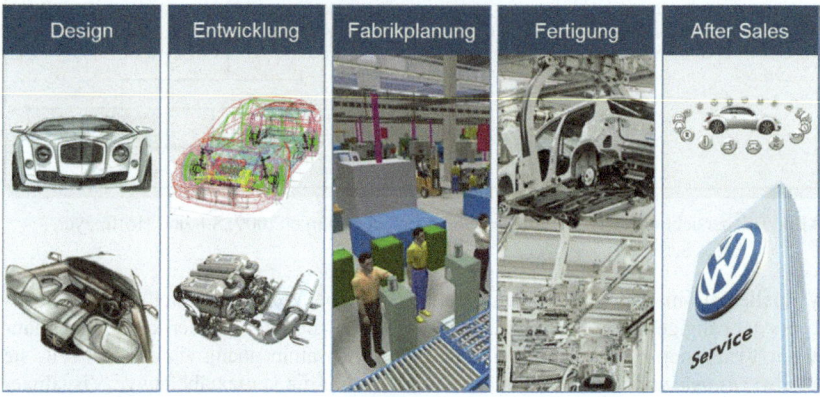

Abb. 9: Industrielle AR-Anwendungen (vgl. Hoffmeyer 2013, S.53)

Zum einen wird im industriellen Bereich die AR-Technologie beispielsweise unter anderem für den Bereich Design eingesetzt, bei dem in frühen Entscheidungsphasen etwa das Cockpit betrachtet und unter ästhetischen Aspekten bewertet werden kann. Für die Fabrikplanung konnten so in der Vergangenheit Soll-/Ist-Vergleiche durchgeführt werden, die den aktuellen Bauzustand mit den entsprechenden Planungsdaten vergleichbar machten und so eine frühzeitige Aufdeckung von möglichen Abweichungen zuließ (Bade 2012, S.156f.).

Um die virtuellen Daten kongruent und kontextbezogen darstellen zu können, werden verschiedene Trackingsysteme verwendet, auf die im Folgenden eingegangen werden soll.

2.2.4 Trackingarten und -verfahren

Der Begriff Tracking beschreibt die Erfassung der relativen Position eines Objektes /Sensors innerhalb eines vorher festgelegten Koordinatensystems (Hoffmeyer 2013, S.37). Dabei kann es sich bei einem Objekt unter anderem beispielsweise um einen Marker oder aber auch um eine Person handeln. Das Tracking wird mit Hilfe eines sogenannten Trackingsystems durchgeführt, welches die Position (3dof[8]) und die Orientierung (3dof) eines Nutzers erfassen kann. Durch die Kombination aus Position und Orientierung werden somit 6 Freiheitsgrade generiert.

---

[8] dof= (engl. für „degrees of freedom") = Freiheitsgrade

2.2 Virtuelle Techniken

Trackingsysteme werden nach Art und Verfahren unterschieden. Die Art beschreibt die Funktionsweise eines solchen Systems, während das Verfahren auf den physikalischen Grundprinzipien beruht (Hoffmeyer 2013, S.37). Dies ist in Abb. 10 nochmals als Übersicht dargestellt.

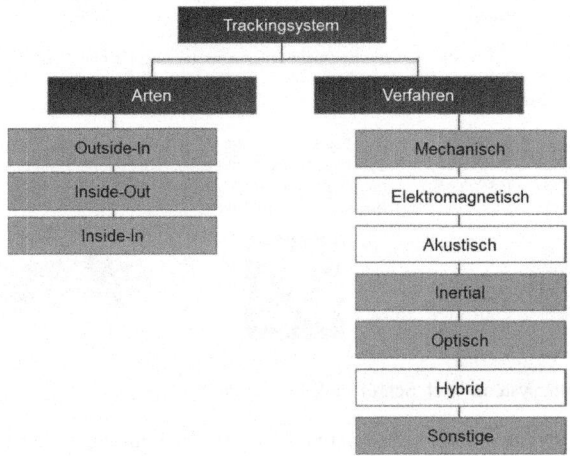

Abb. 10: Einordnung von Trackingsystemen (vgl. Schreiber & Doil 2008, S.113f)

Dabei werden dem Trackingverfahren beispielsweise das mechanische, das elektromagnetische oder akustische Tracking zugeordnet, während die Trackingarten in Outside-In, Inside-Out sowie Inside-In unterschieden werden. Auf die in der Abbildung grau hinterlegten Verfahren und Arten des Trackings soll im Folgenden näher eingegangen werden. Zum besseren Verständnis sollen zunächst die verschiedenen Arten des Trackings vorgestellt werden, welche in der folgenden Abbildung gegenübergestellt sind:

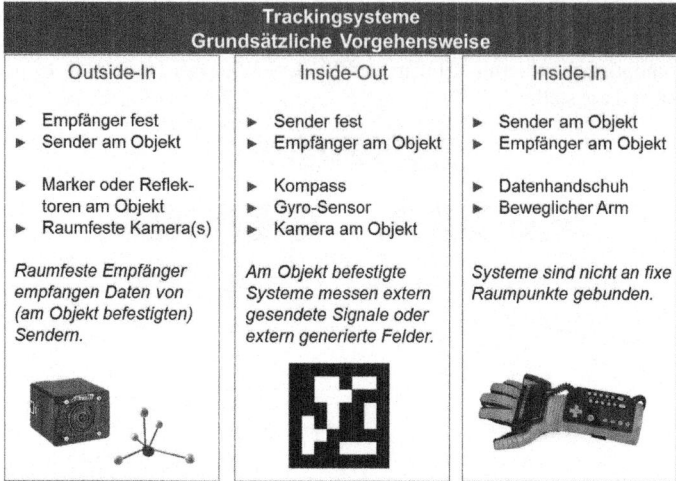

Abb. 11: Trackingsysteme (vgl. Schreiber & Doil 2008, S.113)

Bei den Trackingarten wird in das relative Tracking wie dem Inside-In und in absolute Trackingarten wie dem Outside-In und Inside-Out unterschieden (Mulder 1994, S.4). Beim **Outside-In Tracking** sind Sensoren, beispielsweise Kameras, fest in einem System sowohl installiert als auch kalibriert und nehmen kontinuierlich den Sender oder das vorher definierte Ziel auf. Dafür muss das Ziel (z.b. ein Marker) bekannt und für das System erkennbar sein. Alles außerhalb des durch die Kamera abgedeckten Bereichs kann folglich nicht erfasst werden (Tegtmeier 2006, S.25). Das Trackingvolumen ist durch die festen Sensoren begrenzt. Eine weitere Möglichkeit ist das **Inside-Out Tracking**, wobei hier die Beweglichkeit des Anwenders wesentlich größer ist. Hierbei werden die Sensoren (z.B. Kameras) bewegt. Diese Sensoren erfassen zuvor im Trackingvolumen festgelegte Sender oder Ziele. Das System erfasst die angebrachten Ziele im Raum und kann ihre relative Position zur Kamera ermitteln, wodurch der Standort des Nutzers festgelegt wird (Tegtmeier 2006, S.27). Das **Inside-In Tracking** wird auch relatives Tracking genannt, da hier die Bewegung eines Objektes selbst, unabhängig von einem externen Referenzsystem, gemessen wird, da Sender und Empfänger am zu trackenden Objekt befestigt sind. Somit wird es möglich, einzelne Bewegungen einer Person genau zu erfassen. Dies geschieht jedoch nicht absolut, sondern relativ, da das System von einem zuvor definierten Startpunkt die Änderungen erfasst. Es richtet sich dabei flexibel und dynamisch nach dem Trackingobjekt (Nölle 2006, S.31).

Eine Gegenüberstellung soll die direkte Zuordnung der Trackingverfahren zu den Trackingarten aufzeigen:

2.2 Virtuelle Techniken

Tab. 1: Gegenüberstellung der Trackingarten zu den Trackingverfahren

	Mechanisch	Elektro-magnetisch	Akustisch	Intertial	Optisch	Hybrid	Eye	Hand
Outside-In	x	x	x		x	x	x	x
Inside-Out		x	x		x	x		x
Inside-In				x		x		x

Zu erkennen ist hier die Zuordnung der Trackingverfahren zu den verschiedenen Trackingarten, wobei die hier grau hinterlegten Verfahren im Folgenden nicht genauer erläutert werden sollen, da sie für den Verlauf der Arbeit keine Relevanz aufweisen. Jedoch kann hier erkannt werden, welche Trackingverfahren mit welchen Trackingarten arbeiten. Erweitert wurde Abb. 10 noch um die beiden Verfahren Eye- und Handtracking, die aus diesem Grund in der hier gezeigten Tabelle durch einen Rahmen noch einmal hervorgehoben wurden.

Beim **mechanischen Tracking**, welches dem Outside-In Tracking zugeordnet werden kann, werden die Bewegungen des Nutzers über eine Mechanik aufgenommen. Dies kann z.B. mit Hilfe eines Gestänges, wie beispielsweise einem Arm, oder mit Hilfe von Seilzügen geschehen (Grimm et al. 2013b, S.110 und Hoffmeyer 2013, S.38). Ein solcher Arm verfügt über mehrere Gelenke und damit Freiheitsgrade. Durch in die Gelenke integrierte Winkelgeber kann die aktuelle Position berechnet werden (Schreiber & Doil 2008, S.115). Dieses Verfahren bietet eine hohe Genauigkeit und ist aufgrund seiner Bauweise gut für haptisches Feedback geeignet. Jedoch ist die Bewegungsfreiheit eingeschränkt und der Nutzer an das Eingabegerät gebunden (Schreiber & Doil 2008, S.116 und Grimm et al. 2013b, S.110).

Das **inertiale Tracking** basiert auf der Verwendung von Trägheits- oder Beschleunigungssensoren, sogenannten Inertialsensoren, mit deren Hilfe Beschleunigungswerte gemessen werden. Auch das intertiale Tracking wird dem Inside-In Tracking zugeordnet (Hoffmeyer 2013, S.38). Es wird insbesondere zur Bestimmung der Orientierung im Raum eingesetzt. Beispielsweise kann durch Befestigung der entsprechenden Sensoren an den einzelnen Gliedmaßen die Gelenkstellung des Anwenders erfasst werden. Diese Sensoren können in lineare Inertial- und Beschleunigungssensoren, die die Winkelbeschleunigung um eine Achse messen (Gyroskop[9]), unterschieden werden. Dadurch werden rotatorische sowie translatorische Bewegungen entlang einer vorgegebenen Koordinatenachse gemessen. Da das Objekt selbst den Empfänger darstellt, ist kein separater Empfänger notwendig (Grimm et al. 2013b, S.112). Die folgende Abbildung verdeutlicht dabei die unterschiedlichen Bewegungsarten, die auf diese Art und Weise erfasst werden können.

---

[9] Auch bekannt als Drehinstrument.

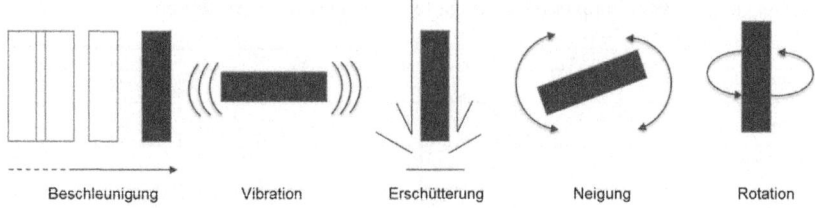

Abb. 12: Bewegungsarten (vgl. Analog Devices 2009, o.S.)

Für die Erkennung translatorischer Bewegungen sind Beschleunigungssensoren nötig, die orthogonal zueinander angeordnet sind. Durch eine zweifache Integration kann der Faktor Zeit und damit der zurückgelegte Weg vom Ausgangspunkt ermittelt werden. Weiterhin ist auch eine Rotation mit Hilfe von Gyroskopen möglich, die ebenfalls eine Richtungsänderung wahrnehmen können und somit mit relativen Werten arbeiten. Bei diesem Verfahren ist also immer die Ausgangssituation von Bedeutung, da die Richtungsänderung relativ zur Ausgangsposition ermittelt wird. Hierbei kommt es häufig zu einer Kumulierung von Abweichungen, die eine regelmäßige Kalibrierung der Messgeräte erfordert (Grimm et al. 2013b, S.113 und Schreiber & Doil 2008, S.122).

Beim **optischen Tracking**, welches in den letzten Jahren mehr und mehr an Bedeutung gewonnen hat, handelt sich um verschiedene Verfahren, die auf der Annahme basieren, dass mit Kameras aufgenommene Objekte genutzt werden können, um die Position und die Orientierung der Objekte zur Kamera zu ermitteln (Grimm et al. 2013b, S.104). Dieses Trackingverfahren kann sowohl dem Inside-Out als auch dem Outside-In Tracking zugeordnet werden (Hoffmeyer 2013, S.38). Weiterhin kann grundsätzlich in zwei Verfahren unterschieden werden: dem markerbasierten sowie dem markerlosen Tracking. Aus der Größe und Verzeichnung der bekannten Markerform auf dem bildgebenden Sensor kann die relative Position und die Orientierung der Kamera zum Marker ermittelt werden. Solche Marker erleichtern die Identifizierung durch die ihnen eigenen Merkmale wie z.B. Form durch unterschiedliche Konturen sowie Kontrast durch verschiedene schwarz-weiß-Muster (Grimm et al. 2013b, S.104). Ein Nachteil dieser Technik stellt die Tatsache dar, dass eine ausreichende Beleuchtung erforderlich ist um ein stabiles Tracking zu ermöglichen (Craig 2013, S.74). Um dieses Problem zu umgehen bieten einfache Papiermarker mit schwarz-weiß-Druck eine Möglichkeit, da sie auch bei schlechten Lichtverhältnissen vergleichsweise gut erkannt werden können. Eine andere Möglichkeit ist der Einsatz von Kameras mit Infrarot-LEDs, welche für eine bessere Ausleuchtung sorgen. In diesem Fall können entweder passive Reflektoren oder aktive Infrarot-LEDs als Marker genutzt werden (Schreiber & Doil 2008, S. 125).

2.2 Virtuelle Techniken 21

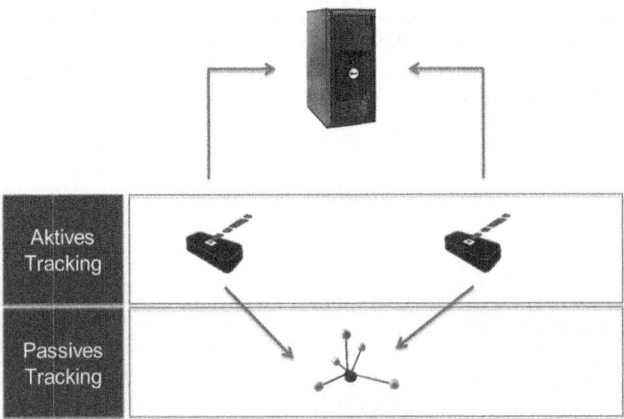

Abb. 13: Tracking mittels Infrarot-LEDs und Reflexions-Markern (vgl. Schreiber & Doil 2008, S.125 und phasespace 2015, o.S.)

Das aktive Tracking mittels Infrarot-LEDs, welche in Abb. 13 zu erkennen sind, führt während der Aufnahme zu hellen, runden Bereichen. Bei Nutzung einer Kamera ergibt sich eine Festlegung von zwei Freiheitgraden (2dof), was einer zweidimensionalen Darstellung entspricht. Durch die Verwendung mehrerer Kameras ist es möglich, eine 3D-Analyse (3dof) der Szene anzufertigen. Dieses Verfahren ist auch als Prinzip der Triangulation bekannt. Das passive Tracking besteht aus unterschiedlichen Geometrien mit einer Retrofolie zur besseren Reflexion. Dabei kann es sich um kleine retroreflektierende Kugeln oder sogenannte Tripelspiegel handeln, die durch ihre Anordnung unterschiedliche Reflexionen des einfallenden Lichtes ermöglichen. Diese werden von Tracking-Kameras erkannt und in ein Graustufenbild umgewandelt. Auch hier wird durch die Verwendung mehrerer Kameras ein 3D-Bild erzeugt (Grimm et al. 2013b, S.106 und Schreiber & Doil 2008 S.125-141). Beim markerlosen Tracking werden markante, vom Trackingsystem erfassbare geometrische Eigenschaften des Objektes als Merkmal genutzt. Eine weitere Möglichkeit stellen RGBD[10]-Kameras dar. Diese bestehen aus einer normalen Farbkamera und einem Tiefensensor. Bei dieser Kombination wird zur Tiefenerkennung häufig ein mittels Infrarot projiziertes Muster oder ein sogenanntes Laufzeitverfahren (engl. Time of Flight, TOF) verwendet. Dabei wird anhand der Laufzeiten des reflektierten Lichtes die Entfernung zur Kamera bestimmt (Schreiber & Doil 2008, S. 148 und Grimm et al. 2013b, S.107). Diese TOF-Kameras erstellen ein Tiefenbild, bei dem jeder Bildpunkt die Entfernung zum Punkt in der erfassten Szene darstellt (Hansard et al. 2013, S.1).

Unter **Fingertracking** wird die Erfassung von Position und Orientierung der Hand des Nutzers und der Finger, verstanden. Die Anforderungen bezüglich der Genauigkeit des Trackings variieren stark mit der Art der Anwendung. So ist beispielsweise bei der

---

[10] RGBD = (engl. für "Red Green Blue Depth") = Kombination aus einer RGB-Kamera und einem Tiefensensor.

Montagesimulation im Automobilbereich eine hohe Genauigkeit erforderlich. Diese ist jedoch aufgrund der hohen Beweglichkeit der menschlichen Hand nur schwer zu erreichen. Die folgende Abbildung zeigt die einzelnen Gelenke einer Hand sowie ihre entsprechenden Freiheitsgrade (Grimm et al. 2013b, S.115f.).

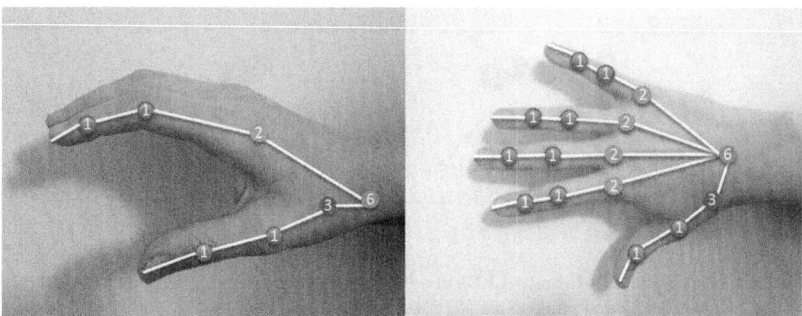

Abb. 14: Gelenke und Freiheitsgrade einer Hand (vgl. Grimm et al. 2013b, S.115 und Erol et al. 2005, S.3)

Im Modell wird der Handrücken als Objekt mit sechs Freiheitsgraden, je drei translatorische und drei rotatorische, angenommen. Sämtliche Finger verfügen über vier und der Daumen über zwei weitere Freiheitsgrade an den Gelenken sowie drei Freiheitsgraden an der Handwurzel. Somit ergeben sich für die menschliche Hand insgesamt 27 DOF (Lee & Kunii 1993, S.110). Um diesen hohen Anforderungen gerecht zu werden, gibt es für das Fingertracking verschiedene Techniken, wie z.B. Datenhandschuhe oder Exoskelette. Datenhandschuhe verwenden zur Ermittlung der Fingerpositionen beispielsweise Dehnungsmessstreifen, welche die Gelenkwinkel bestimmen können oder aber LEDs, welche von Kameras aufgenommen werden und somit die Position der Hand des Nutzers ausgewertet werden kann (Beth et al. 2002, S.1f.). Insofern ist es beim Fingertracking auch je nach Anwendungsfall möglich, jede der drei Trackingarten zu verwenden (vgl. Tab. 1).

2.2.5 Mensch-Maschine-Systeme

Heutzutage ist es von besonderer Bedeutung, dass ein Anwender in Echtzeit mit einer virtuellen Umgebung in Wechselwirkung treten kann (Dörner et al. 2013a, S.158). Hauptgegenstand dabei ist der Austausch von Informationen und Daten zwischen dem Anwender und dem System, also dem technischen Gerät (Moser 2012, S.122).

„Mensch-Maschine-Interaktion (MMI) ist das zielgerichtete Zusammenwirken von Personen mit technischen Systemen zur Erfüllung eines fremd- oder selbstgestellten Auftrages (Timpe & Kolrep 2002, S.12).“

2.2 Virtuelle Techniken

Dabei liegt der Fokus geeigneter Mensch-Maschine-Interaktion auf der bestmöglichen Unterstützung durch Ausgabemedien zur visuellen Anzeige einerseits, sowie intuitiven Interaktionsmedien zur möglichst realitätsnahen Befehlseingabe andererseits. Eine Übersicht zur Einordnung des Menschen innerhalb eines Mensch-Maschine-Systems zeigt die folgende Abbildung.

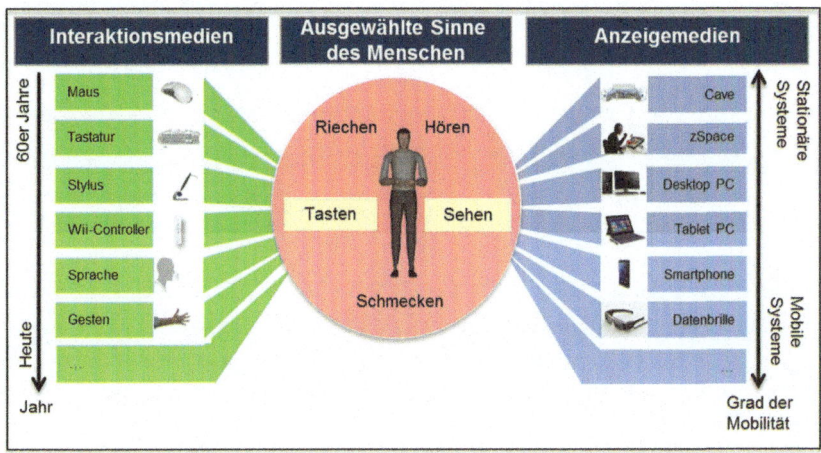

Abb. 15: Mensch-Computer-Interaktion im industriellen Umfeld (vgl. Moser 2012, S. 133; Dörner et al. 2013, S.24)

Im Mittelpunkt steht der Mensch, der mit Hilfe verschiedener Sinne sein Umfeld wahrnehmen kann. Bei der Nutzung von Anzeige- und Interaktionsmedien, wie sie hier beschrieben werden, sind besonders die beiden Sinne „Tasten" und „Sehen" von Bedeutung (Dörner et al. 2013, S.23f.). Der Mensch interagiert mit den ihm angezeigten Medien, wobei der Begriff Medien laut ISO14915-1 wie folgt definiert ist:

„Medien sind verschiedene spezifische Darstellungsformen von Informationen für den Benutzer."

Dabei ist jedoch auch noch einmal in solche zu unterscheiden, die keiner Änderung unterliegen (statisch) oder Medien, an denen im Zeitverlauf Veränderungen vorgenommen wurden (dynamisch) (Heinecke 2012, S.10f.). Der Mensch betrachtet (Sehsinn) bestimmte Informationen über diverse Anzeigemedien und versucht mit Hilfe von Eingabegeräten in der gewünschten Weise zu interagieren (Tastsinn). In diesem Zusammenhang ist der Begriff der Perzeption zu nennen, welcher sich laut (Heinecke 2012, S.11) wie folgt definiert:

„Die Einteilung der Medien nach der Perzeption unterscheidet danach, welcher menschliche Sinn für die Wahrnehmung der Information benutzt wird."

Das Ziel ist es dabei, dem Nutzer die Möglichkeit zu geben, mit den verschiedenen technischen Komponenten so in Kontakt treten zu können, als würde die Interaktion in realer Umgebung stattfinden. Dies ist und bleibt Forschungsgegenstand in den Bereichen der Informatik, Kognitionsforschung und Psychologie, soll jedoch auch als Grundlage für diese Arbeit dienen, um eine möglichst natürliche Bedienung mittels Gesten realisieren zu können (Dörner et al. 2013a, S.158).

3 Technische Grundlagen

Neben einer leistungsfähigen und leicht zu handhabenden Software gehört auch die entsprechende Hardware, die an dieser Stelle die Voraussetzung für eine ergonomische Bedienweise mitbringen sollte. Der Bereich der Anzeigemedien ist wissenschaftlich bereits weitgehend erforscht und dadurch technisch entsprechend weit entwickelt. Demgegenüber stehen Interaktionsmedien, die in verschiedenen Bereichen immer wichtiger werden und somit einer rasanten Weiterentwicklung unterliegen, jedoch noch keine ausgereiften Systeme bieten (Elepfandt, Wegerich & Rötting 2013, S.730). Die folgende Abbildung zeigt den schematischen Aufbau der menschlichen Aktionsebene und die der technischen Umsetzungsebene:

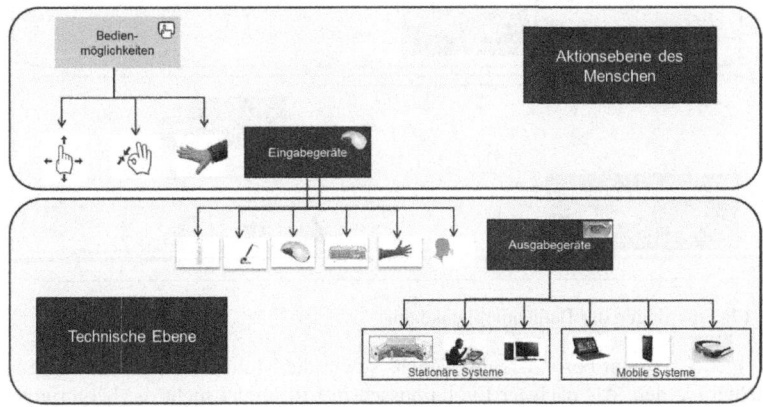

Abb. 16: Schematische Einordnung der menschlichen und technischen Ebene

Der Mensch stellt mit den unterschiedlichen Bedienmöglichkeiten die obere Ebene dar. Durch das „in Aktion treten" mit den verschiedensten Softwarekomponenten, können virtuelle und digitale Abbilder manipuliert werden. In diesem Fall sind die Bedienmöglichkeiten aufgezählt, die im späteren Verlauf der Arbeit genauer untersucht werden: Single Touch, Multi Touch sowie die berührungslose Interaktion mit Hilfe von Gesten. Darunter findet sich die technische Ebene sowohl für die Eingabe- als auch für die Ausgabegeräte, wobei die Eingabegeräte eine Schnittstelle zwischen menschlicher Interaktion und technischer Möglichkeit darstellen. Auch hier sind die Komponenten aufgezeigt, die im weiteren Verlauf der Arbeit näher beleuchtet und vorgestellt werden sollen.

3.1 Bedienmöglichkeiten

Spätestens seit dem Erfolg des Smartphones ist die Bedeutung der Touchbedienung stark gestiegen. Dabei ist zu prüfen, inwieweit der tägliche Gebrauch von touchbasierten Eingabemöglichkeiten bei Smartphones, Tablets und PCs unsere Auswahl und Einstellung zu bestimmten Gesten beeinflussen. Die Einführung der graphischen Benutzeroberfläche ging einher mit der Notwendigkeit von Zeigersystemen und verhalf der Computermaus zu ihrem Durchbruch (vgl. Kapitel 3.2.1). Die Entwicklung ging von da aus über eine Touchbedienung bis hin zu mobilen Endgeräten, die per Multitouch bedienbar sind und zukünftig auch eine berührungslose Interaktion ermöglichen werden (vgl. Kapitel 3.3.2). Neben neuen Hardwarelösungen hat in den letzten Jahren also auch ein Wandel der Interaktionsweise stattgefunden.

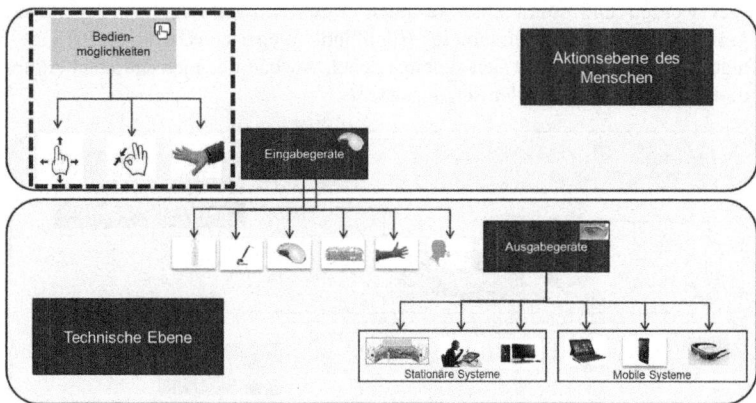

Abb. 17: Einordnung der Bedienmöglichkeiten

Im Folgenden sollen besonders die Touch- sowie die Multi-Touchbedienung genauer betrachtet werden. Als nächster Evolutionsschritt tritt immer mehr die berührungslose Interaktion in den Fokus der Betrachtung. Da im Rahmen dieser Arbeit jedoch insbesondere eine Navigation per Gesten ohne Berührung für planerische Inhalte untersucht wird, soll auf diese intensiver in Kapitel 6 eingegangen werden.

3.1.1 Single-Touch-Bedienung

Der Begriff der „Single-Touch-Technologie" steht für eine berührungsempfindliche Interaktionstechnologie, bei der einzelne Berührungspunkte erkannt werden und sich somit einfache Auswahl- und Tipp-Gesten darstellen lassen (Machate, Schäffler & Ackermann 2013, S.17).

Einen Überblick über gängige Touchgesten für verschiedenste Plattformen bieten *Villamor, Willis und Wroblewski* in *„Touch Gesture Reference Guide"* (Villamor, Willis & Wroblewski 2010, o.S.). Innerhalb dieser Übersicht sind die Gesten auf die

3.1 Bedienmöglichkeiten

folgenden Funktionsbereiche aufgeteilt: Basisgesten, objektbezogene Gesten, Navigationsgesten sowie Zeichengesten. Bei näherer Betrachtung der in diesen Kategorien enthaltenen Zeichen ist zu erkennen, dass die Single Touch-Technologie nur vergleichsweise einfache Eingaben ermöglicht. Diese beschränken sich auf die fünf individuellen Gesten Tap, Double Tap, Drag, Flick und Press. Unter Tap wird eine einzelne Tipp-Bewegung eines Fingers ähnlich eines Klicks verstanden. Das Gesten-Äquivalent des Doppelklicks wäre dabei der Double Tap. Drag beschreibt eine ziehende Bewegung eines Fingers über die Touchfläche. Flick entspricht einer schnellen, gerichteten Wischbewegung. Unter Press wird das gezielte, längere Drücken des Fingers auf ein Objekt verstanden (Villamor, Willis & Wroblewski 2010, o.S.). *Kin, Agrawala und DeRose* untersuchten dabei genauer die Unterschiede zwischen einer Maus-Bedienung, sowie einer Touch-Bedienung mit einem, zwei oder mehreren Fingern (Kin, Agrawala & DeRose 2009, S.123). Dabei wurden die Testpersonen dazu aufgefordert, auf einem Bildschirm einzelne Punkte (Ziele) anzuwählen, während andere Punkte (Distraktoren) nicht berührt werden sollten. Die Ergebnisse sind in der folgenden Abbildung zu sehen:

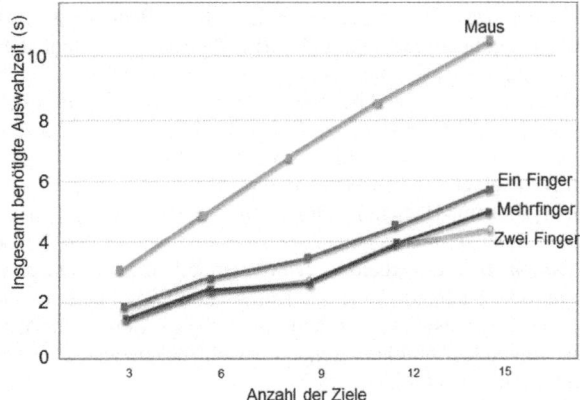

Abb. 18: Vergleich der Auswahlgeschwindigkeit mit Maus-Bedienung, Ein-, Zwei- und Mehrfingriger Bedienung (Kin, Agrawala & DeRose 2009, S.123)

Zu erkennen ist, dass die benötigte Zeit, um 15 Ziele anzuwählen, bei der Maus-Bedienung am höchsten ist. Durch die Verwendung der Touch-Bedienung lässt sich diese Zeit mehr als halbieren. Am effizientesten hat in diesem Fall die Bedienung mit zwei Fingern abgeschnitten. 83 Prozent der gesamten Zeitersparnis lassen sich allein durch die Verwendung von Single-Touch realisieren. Das verbleibende Potenzial kann durch die Nutzung der Multi-Touch-Technik ausgeschöpft werden, worauf im nächsten Abschnitt eingegangen wird (Kin, Agrawala & DeRose 2009, S.123).

3.1.2 Multi-Touch-Steuerung

Moderne Hardware ermöglicht durch die sogenannte „Multi-Touch-Funktion" eine Bedienung mit mehreren Fingern. Die Untersuchung von *Kin, Agrawala und DeRose* (vgl. Abb. 18) hat bereits gezeigt, dass eine Bedienung mit zwei Fingern besonders effizient ist (Kin, Agrawala & DeRose 2009, S.123). Durch die Verwendung einer Multi-Touch-Steuerung können verschiedene 2D-Inhalte mit Hilfe von Fingergesten gezoomt, gescrollt oder einfach verschoben werden (Dorau 2011, S. 56f.). Nach einer Studie von *Buxton und Myers*, die den Unterschied einer Nutzung von Touch- und Multi-Touch-Tablets zwischen Experten und Novizen untersucht, konnte gezeigt werden, dass die Verwendung von beiden Händen zu erheblichen Effizienzsteigerungen führt (Buxton & Myers 1986, S.321ff.). So bearbeiteten die beidhändigen Experten die gestellte Aufgabe um 15 Prozent schneller als die Nutzer, die lediglich eine Hand verwendeten. Bei den Novizen war dieser Effekt mit 25 Prozent sogar noch deutlicher messbar. Eine weitere Betrachtung der Ergebnisse zeigt auf, dass der beidhändige Ansatz für unerfahrene Nutzer deutlich intuitiver ist. Ein direkter Vergleich zwischen Experten und Novizen mit ein- und beidhändigen Ansätzen zeigt, dass der Unterschied zwischen den beiden Testgruppen bei der beidhändigen Bedienung deutlich geringer ausfällt. Bei der einhändigen Bedienung übertrifft die Expertengruppe die Novizen um 85 Prozent, während es bei der beidhändigen Bedienung lediglich 32 Prozent sind. Noch geringer fällt der Unterschied bei einem Vergleich von Experten mit einhändiger und Novizen mit beidhändiger Bedienung aus. In diesem Fall liegt der Vorteil der Experten bei nur noch 12 Prozent (Buxton & Myers 1986, S.321ff.). Neben der verbesserten Intuitivität einer solchen Bedienmöglichkeit im Vergleich zur herkömmlichen Maus und Tastatur-Bedienung liegt ein weiterer Vorteil der Multitouch-Bedienung in der Reduzierung weiter Wege zum auszuwählenden Objekt, da die jeweilige Hand innerhalb ihres Arbeitsbereiches verbleiben kann. Durch die Möglichkeit, jeden Finger oder auch jede beliebige Kombination von Fingern zu nutzen, steigt hier die Anzahl der Freiheitsgrade und damit auch die Flexibilität für den Nutzer (Kin 2012, S.3). Die folgende Abbildung zeigt die wohl bekanntesten Gesten für Touch („Pointing") und Multitouch („Pinch") auf:

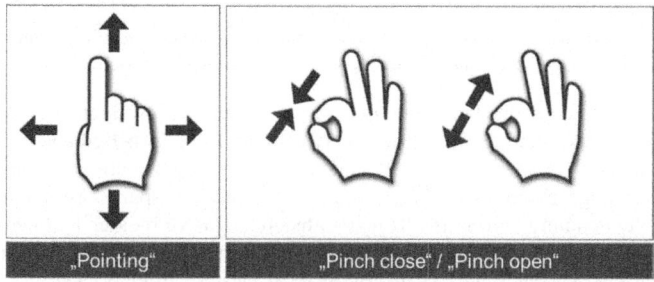

Abb. 19: verschiedene Fingergesten für Touchpads

Das Zoomen geschieht dabei beispielsweise über die „pinch open – pinch close – Geste" also eine Spreizung oder Schließung zweier Finger, eine Auswahl eines Objek-

3.1 Bedienmöglichkeiten

tes meist mit dem ausgestreckten Zeigefinger auf dem Display (Dorau 2011, S.144f.). Untersuchungen zur Akzeptanz dieser weit verbreiteten Gesten ergeben, dass Gesten, welche mittels eines Fingers getätigt werden, als wesentlich intuitiver wahrgenommen werden, als solche, die eine Verwendung mehrerer Finger erfordern (Burmester, Koller & Höflacher 2009, S.24ff.). Wird beispielsweise eine Zeigegeste betrachtet, so kann festgestellt werden, dass diese der Interaktion in der physischen Welt weitestgehend entspricht und aus diesem Grund als intuitiv angesehen wird (Wolf & Henze 2014, S.2). Aufgrund dieser hohen Intuitivität werden die Anwender bei unbekannten Anwendungen zunächst dazu verleitet, lediglich einen Finger zur Bedienung zu nutzen. Im Rahmen der Studie von *Burmester, Koller und Höflacher* wurden fünf verschiedene Gesten auf ihre Intuitivität hin überprüft (Burmester, Koller & Höflacher 2009, S.24ff.). Bei den fünf Gesten handelt es sich um *Anwählen, Drehen, Scrollen, Skalieren* und *Verschieben*. Diese Gesten sollten ohne Einweisung auf einer Multitouchoberfläche ausgeführt werden, wobei das „Level of Success[11]" in diesem Fall mit vier Abstufungen erhoben wurde. Dabei handelt es sich um die Kategorien keine Probleme, geringe Probleme, große Probleme und gescheitert. Die Ergebnisse sind in der folgenden Abbildung zu sehen:

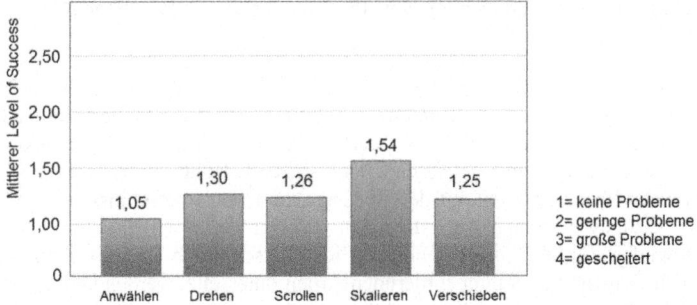

Abb. 20: Level of Success nach Studie von Burmester, Koller & Höflacher 2009, S.34

Es ist erkennbar, dass für die Probanden die Nutzung der *Skalieren*-Geste mit mehr Problemen behaftet ist, als die Vergleichsgesten. Dies lässt sich damit erklären, dass das Skalieren als einzige Verwendung den Gebrauch zweier Finger erfordert, da diese häufig eine Umsetzung wie die in Abb. 19 gezeigte pinch open, pinch close - Geste erfährt. Bedingt durch den Versuchsaufbau, sind die verschiedenen Gesten zu Beginn nicht erläutert worden, was dazu geführt hat, dass Probanden den Befehl intuitiv mit nur einem Finger umzusetzen versuchten, was ihren bisherigen und natürlichen Erfahrungen entspricht. Dieser Zusammenhang erschließt sich besonders bei der Betrachtung des Alters der einzelnen Teilnehmer.

---

[11] Beim „Level of Success" handelt es sich um eine Evaluationsmethode, die sich auf die Ausführung einer Interaktion bezieht und in drei bis sechs Abstufungen bewertet wird (Tullis & Albert 2008, S.69ff.).

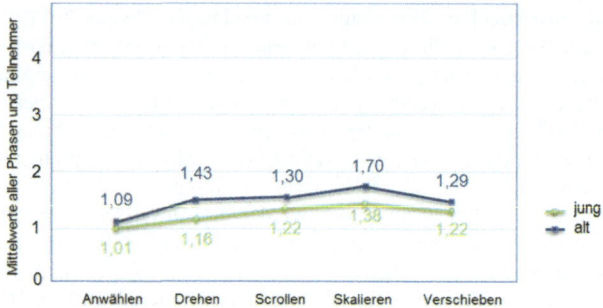

Abb. 21: Unterscheidung der Probanden nach jungen Teilnehmern (16 bis 27 Jahre) und älteren Teilnehmer (42 bis 65 Jahre) (nach Burmester, Koller & Höflacher 2009, S.34)

Dabei fällt auf, dass jüngere Probanden einen besseren Mittelwert aufweisen, was durch das geringere Vorwissen auf dem Gebiet solcher Technologien der älteren Studienteilnehmer bei der Verwendung von PCs und Touchdisplays begründet werden kann.

Eine weitere Studie von *Uebbing-Rumke et al. von 2014* aus dem Bereich der Multi-Touch-Bedienung untersucht die Eignung solcher Eingabemedien innerhalb der Flugsicherung (Uebbing-Rumke et al. 2014, S.6ff.). Da Kriterien wie die Genauigkeit und die Sicherheit, die in diesem Kontext eine herausragende Rolle spielen, erfüllt werden, kann von einer Übertragbarkeit auf den planerischen Kontext geschlossen werden, da die für die Planung gestellten Anforderungen geringer sind. Hierbei sollte untersucht werden, inwiefern für den Anflug verantwortliche Lotsen durch die Verwendung einer Multi-Touch-Bedienung bei ihrer fordernden Arbeit unterstützt werden können. Bisher finden als Interaktionsmedien Maus und Tastatur Verwendung, weshalb diese Untersuchung eine mögliche Arbeit mittels eines Multi-Touch-Konzeptes anhand eines hierfür entwickelten Mock-ups untersuchen sollte. Dabei wurden sowohl die Usability als auch die Arbeitsbelastung bewertet. Die Erhebung des SUS – System Usability Scale (vgl. Kapitel 8.4) zeigt, dass die Usability des Systems bei herkömmlicher Mausbedienung mit 69,8 Prozent und beim Multi-Touch-Mock-up mit 85,4 Prozent von den Testpersonen bewertet wurde (Uebbing-Rumke et al. 2014, S.6). Die Arbeitsbelastung wurde in diesem Fall mit Hilfe des NASA TLX[12] (Task Load Index) untersucht und ausgewertet. Unter anderem ergab sich eine signifikant bessere Performance der Testpersonen, die mit dem Multitouch-Mock-up arbeiteten (~65 Prozent bei Multitouch-Mock-up und ~50 Prozent bei der Maus-Interaktion). Die empfundene Belastung, die eine Kombination aus physischen und psychischen Anforderungen darstellt, lag beim Multi-Touch-Mock-up bei unter 40 Prozent, während der des Mausszenarios ca. 60 Prozent betrug (Uebbing-Rumke et al. 2014, S.8). Diese und weitere Studien

---

[12] Der NASA TLX ist ein für die NASA spezifisch entwickelter Fragebogen zur Untersuchung der subjektiven Arbeitsbelastung (**Hart, S. & Staveland, L. (1988)**. *Development of NASA-TLX (Task Load Index): Results of Empirical and Theoretical Research*. NASA-Ames Research Center, Moffett Field, California.)

zeigen die Vorteile durch höhere Intuitivität und Effizienz von Multi-Touch-Bedienung.

3.2 Eingabemedien

Parallel zu den Evolutionsschritten der Computerentwicklung hat auch eine Entwicklung bei den Interaktionsmedien stattgefunden. Die Zahl der am Markt zur Verfügung stehenden Technologien wächst stetig. Im Rahmen dieser Arbeit wurde bewusst auf eine begrenzte Anzahl an Geräten eingegangen, welche auch für einen Einsatz im Kontext der Arbeit und damit einem Einsatz in der Industrie in Frage kommen.

Auch hier soll die folgende Abbildung einen Überblick über die Einordnung und der im Kapitel vorgestellten Eingabemedien bieten:

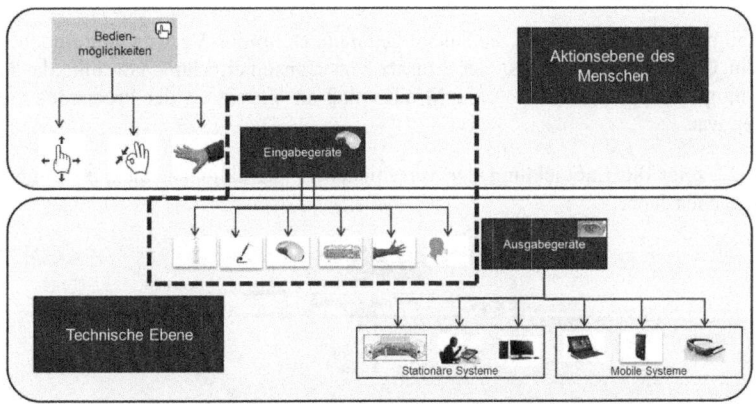

Abb. 22: Einordnung der Eingabegeräte

Der Nutzer möchte sich so natürlich wie möglich in der digitalen Welt bewegen und orientieren können. Besonders für den Umgang mit 3D-Modellen wurde der Wunsch nach einer intuitiven Bedienmöglichkeit umso größer.

Dabei ist der Begriff der **Intuitivität** bis heute nicht klar definiert.

Mit die ersten Bemühungen um eine Definition dieses Begriffes unternahm Raskin bereits im Jahr 1994 durch die Veröffentlichung *„Intuitive Equals Familiar"*. Darin beschreibt *Raskin*, wann eine Benutzerschnittstelle als intuitiv anzusehen ist (Hurtienne 2011, S.25 und Raskin 1994, S.18):

> *„a user interface feature is „intuitive" insofar as it resembles or is identical to something the user has already learned. In short, "intuitive" in this context is an almost exact synonym of "familiar"."*

Demnach wird hier die Intuitivität als etwas verstanden, was dem Nutzer aufgrund seiner schon bestehenden Vertrautheit leicht fällt.

Auch die Verwendung von Touchscreens macht eine höhere Intuitivität möglich, da der Nutzer sehr einfach mittels Berührung des gewünschten Objektes eine Aktion auslösen oder Steuerbefehle geben kann (Zühlke 2012, S.212):

> *„Der Finger wird somit buchstäblich mit dem in Verbindung gebracht, was auf dem Bildschirm dargestellt wird."*

Nach der *IUUI Gruppe* (Intuitive Use of User Interfaces) kann Intuitivität verstanden werden als (Mohs et al. 2006, S.80):

> *„Ein technisches System ist im Rahmen einer Aufgabenstellung in dem Maße intuitiv benutzbar, in dem der jeweilige Benutzer durch unbewusste Anwendung von Vorwissen effektiv interagieren kann."*

Im Rahmen dieser Arbeit soll die zuletzt genannte Definition Verwendung finden. Aus diesem Grund wurde bewusst der Einsatz von Consumertechnik gewählt, da durch eine mögliche private Nutzung ein Mindestmaß an Vorwissen der Probanden zu erwarten war.

Abb. 23 zeigt die Entwicklung der verschiedenen Interaktionsmedien im Laufe der vergangenen Jahre.

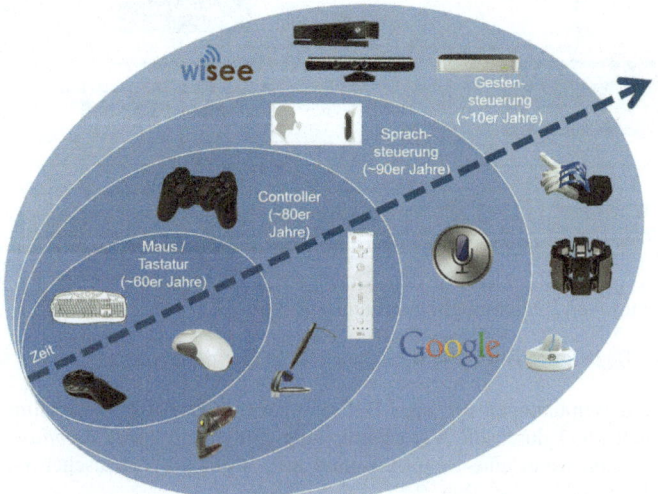

Abb. 23: Entwicklung der Interaktionsmedien

Im Laufe der 60er Jahre standen dem Nutzer lediglich eine Maus und eine Tastatur für Eingaben zur Verfügung (Messmer & Dembowski 2003, S.50ff.). Die erste freie und

3.2 Eingabemedien 33

interaktive Bedienung ist mit Controllern wie der Wii oder dem Playstation-Controller auch im Consumersektor angelangt. In diesem Zuge wurden auch einige Anwendungsfälle für den industriellen Bereich identifiziert, bei denen eine Wii als Eingabegerät sinnvoll und hilfreich ist. So erfuhr die Wiimote besonders bei virtuellen Untersuchungen in Caves große Beliebtheit (Schreiber, Wilamowitz-Moellendorff & Bruder 2009, S.261ff.). Dennoch steigt der Bedarf nach einer weiteren, noch intuitiveren Bedienmöglichkeit (Dorau 2011, S.30ff.). Durch Untersuchungen und erste praktische Erfahrungen wie beispielsweise mit der Kinect wurde deutlich, dass auch eine Gestensteuerung eine sehr gute Möglichkeit darstellt, um mit virtuellen Daten zu arbeiten. Allerdings ist diese bisher nahezu ausschließlich auf dem Consumermarkt vorzufinden (Dorau 2011, S.96). Für das bessere Verständnis des Lesers sollen in diesem Abschnitt zunächst die einzelnen Bedienmöglichkeiten chronologisch erläutert und kurz auf ihre jeweilige Funktion eingegangen werden.

3.2.1 Maus / Tastatur

Die für uns bekanntesten Eingabemedien sind Maus und Tastatur. Beide wurden in den 60er Jahren entwickelt und sind bis heute in verschiedensten Formen auf dem Markt erhältlich (Lobin 2014, S.87). Darüber hinaus gab es bis heute einige Weiterentwicklungen bezüglich verschiedenster Eingabemedien. Einen Überblick zeigt die folgende Abbildung:

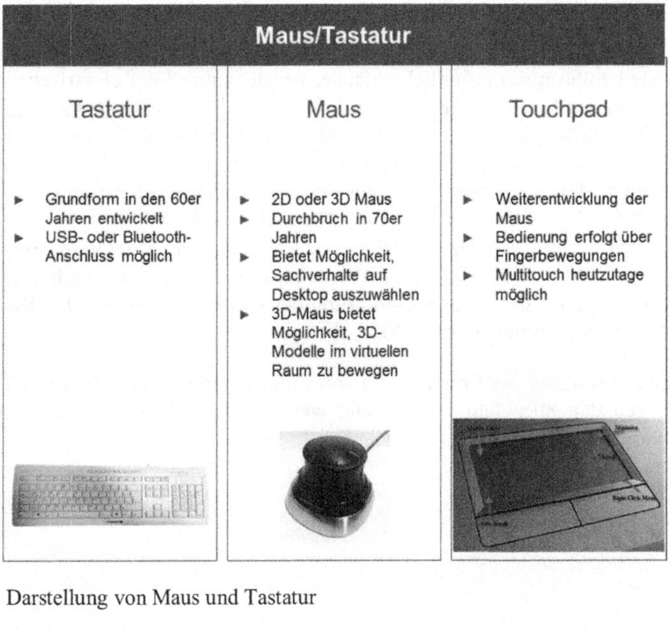

Maus/Tastatur		
Tastatur	**Maus**	**Touchpad**
► Grundform in den 60er Jahren entwickelt ► USB- oder Bluetooth-Anschluss möglich	► 2D oder 3D Maus ► Durchbruch in 70er Jahren ► Bietet Möglichkeit, Sachverhalte auf Desktop auszuwählen ► 3D-Maus bietet Möglichkeit, 3D-Modelle im virtuellen Raum zu bewegen	► Weiterentwicklung der Maus ► Bedienung erfolgt über Fingerbewegungen ► Multitouch heutzutage möglich

Abb. 24: Darstellung von Maus und Tastatur

Bei einer **Tastatur** handelt es sich um ein Eingabegerät, das als Bedienelement verschiedene Tasten besitzt, welche mit den Fingern zu betätigen sind. Dabei werden in den meisten Fällen elektronische Tastaturen genutzt (Messmer & Dembowski 2003, S.50f.). Eine handelsübliche Computertastatur verfügt vor allem über die auch von Schreibmaschinen bekannten Tasten (Dempster 2001, S.29). Weiterhin besitzt sie aber auch eine Vielzahl an Tasten, die für die Bedienung eines PCs und seiner Peripherie notwendig sind.

Die **Maus** ist in Kombination mit der Tastatur das am häufigsten genutzte Eingabemedium für Personal Computer. Die Entwicklung grafischer Benutzeroberflächen in den 70er Jahren führte zu ihrem endgültigen Durchbruch (Norton & Clark 2002, S.255ff.). Nach verschiedenen Entwicklungsstufen haben sich Computermäuse als Standard mit zwei Tasten und einem Scrollrad etabliert.

Moderne Anwendungen generieren den Bedarf nach Möglichkeiten, sich im dreidimensionalen Raum bewegen zu können. Diesem wird mit **3D-Mäusen** Rechnung getragen. Hierbei ist in tischgebundene Geräte und Handgeräte zu unterscheiden (Dorau 2011, S.86f.). Bei tischgebundenen Geräten handelt es sich um flexible Steuerkörper (z.B. einer Kugel), welche auf einem stationären Untersatz gelagert sind. Über diese können Schub- und Drehkräfte aufgebracht werden, die in Eingabebefehle umgesetzt werden. Daraus resultieren je drei translatorische und rotatorische Freiheitsgrade (Dorau 2011, S.86ff. und Heinecke 2012, S.138ff.). Bei den Handgeräten handelt es sich um Eingabegeräte, welche der Anwender in der Hand halten kann und sich somit frei im Raum bewegen kann. Durch Sensoren werden Position und Bewegung im Raum bestimmt (Brill 2009, S.34).

Anstelle einer Maus werden heutzutage häufig **Touchpads** genutzt. Dabei handelt es sich um eine berührungsempfindliche Fläche, welche anhand der elektrischen Kapazität die Position des Fingers erkennt. Auf diese Weise kann beispielsweise der Cursor auf dem Bildschirm gesteuert werden (Dorau 2011, S.56ff.). Technisch kann dies durch ein Gitter, welches aus vertikal und horizontal angeordneten Elektroden besteht, erreicht werden. Die Kapazität zwischen den Elektroden wird permanent gemessen (Geyssel 2011, o.S.). Erste Forschungen auf dem Gebiet der Multitouchbedienung von Tablets fanden bereits Anfang der 1980er Jahre statt (Lee, Buxton & Smith 1985, S.21). Apple meldete im Jahr 2004 ein Patent für ein „Multipoint Touchscreen"[13] an, was die Grundlage für die spätere Einführung des iPhones und damit den Durchbruch der Touchbedienung bildete (Dorau 2011, S.10).

Als nächster Schritt bei der Entwicklung von Eingabegeräten kann die Einführung der Controller seit den 80er Jahren betrachtet werden. Das folgende Kapitel soll einen Überblick über einige etablierte Geräte liefern.

---

[13] Patent No.: US 7,663,607B2 „Multipoint Touchscreen".

3.2 Eingabemedien

3.2.2 Controller

Bei Controllern handelt es sich um Eingabegeräte, die vornehmlich im Bereich von Videospielen genutzt werden. Durch den Einsatz wird es dem Nutzer ermöglicht, Spielfiguren zu steuern und Aktionen innerhalb eines Computerspiels zu aktivieren (Eisenbrey & Childress 1996, S.1). Controller aus dem Bereich der Consumertechnik finden, wie bereits erwähnt, im industriellen Kontext, beispielsweise in CAVEs, Anwendung. Hierbei sind insbesondere der Wii-Controller, der Playstation Controller sowie der Flystick zu nennen, welche unter anderem in der folgenden Abbildung aufgezeigt sind:

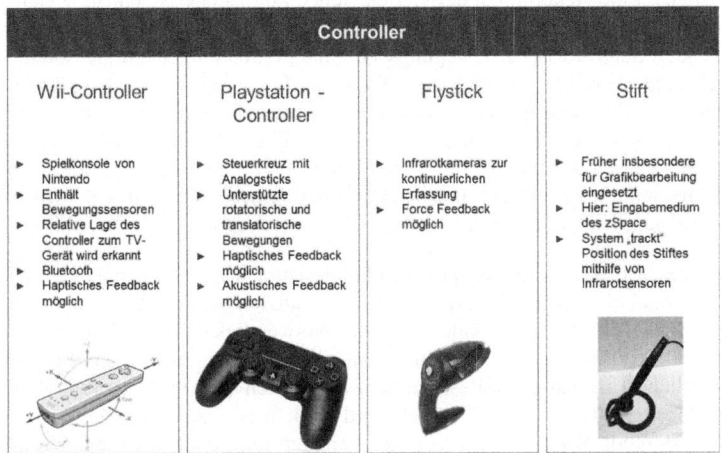

Abb. 25: Darstellung von Controllern

Die **Wii** ist eine Spielkonsole von Nintendo, die seit Ende 2006 auf dem Markt ist. Ihr wesentliches Merkmal ist der Wii-Controller (Wiimote), der herkömmlichen Fernbedienungen ähnelt und über eingebaute Bewegungssensoren verfügt. Das Spielsystem aus Hardware und Software misst dabei die dreidimensionalen Bewegungen des Nutzers im 3D-Raum. Mit Hilfe zweier Referenzpunkte in einer Sensorleiste, welche unter- oder oberhalb des Bildschirms platziert wird und einer Infrarotkamera an der Vorderseite der Wiimote, die bis zu vier Infrarotquellen erfassen kann, ist es möglich, die relative Position und Lage des Controllers zum TV-Gerät zu bestimmen (Gregory 2015, S.389f.). Dadurch kann der Nutzer Objekte auf dem Bildschirm direkt anvisieren. Die Präzision ist vergleichbar mit der eines Mauszeigers. Zusätzlich enthält der Controller einen Beschleunigungssensor, mit dem Bewegungen erfasst und in Steuerbefehle umgewandelt werden können. Die Kommunikation mit der Konsole erfolgt kabellos via Bluetooth, wobei der maximale Abstand 10 Meter beträgt (Schreiber, Wilamowitz-Moellendorff & Bruder 2009, S.263 und Link 2008, S.48). Ebenfalls ist es möglich, eine mechanische Rückmeldung mit Hilfe von Vibrationseffekten zu erzeugen. Da die Fernbedienung über Bluetooth mit dem Empfänger kommuniziert, kann das Signal von jedem bluetoothfähigen Empfangsteil (z.B. einem PC) verarbeitet werden, weshalb es sich auch in der Vergangenheit bewährt hat, die 3D-Inhalte, welche in einer Cave (vgl. Kapitel 3.3.1) betrachtet werden, mit Hilfe des Wiimote-Controllers zu steuern und zu manipulieren (Schreiber, Wilamowitz-Moellendorff & Bruder 2009, S.262f. und Gregory 2015, S.385).

Der **Playstation** Contoller ist seit dem Jahr 2013 bereits in der vierten Generation am Markt verfügbar. Dabei wurden sein Funktionsumfang sowie die Ergonomie stets verbessert. Der aktuelle DualShock 4 verfügt über die bereits bekannten Funktionstasten, welche primär mit dem linken und rechten Daumen und dem Zeigefinger aktiviert werden können. Darüber hinaus verfügt er über ein Steuerkreuz sowie zwei flexible Analogsticks. Eine Neuerung in der vierten Generation ist das Touchpad, welches sich im mittleren Bereich des Controllers befindet. Das Gerät unterstützt sowohl rotatorische als auch translatorische Bewegungserkennung durch eingebaute Sensoren. Durch zwei verbaute Vibrationsmotoren kann ein haptisches Feedback an den Nutzer abgegeben werden. Ein eingebauter Lautsprecher ermöglicht ein akustisches Feedback. Ursprünglich wurde der Playstation Controller lediglich für den Gebrauch von Videospielen entwickelt, aufgrund seiner Vielfältigkeit und Robustheit hat er jedoch auch häufig Anwendung im industriellen Kontext, wie beispielsweise in Caves, gefunden (Morris 2014a, S.123ff. und Morris 2014b, Ch.2 und Gregory 2015, S.386ff.).

Ein weiterer Versuch, Controller aus dem Spielesektor wie exemplarisch der Wii oder dem DualShock 4 auch für industrielle Zwecke nutzbar zu machen, hat zum Einsatz von **Flysticks** geführt. Insbesondere auf die Notwendigkeit des genauen Trackings wurde beim Flystick Wert gelegt. Dabei ermöglichen häufig Marker am Flystick eine kontinuierliche Erfassung der Position im Raum durch Infrarotkameras (vgl. Kapitel 2.2.4) (Stoecker 2013, S.195). Dadurch wird es dem Anwender ermöglicht, sich frei und ohne störende Kabel, in der Cave zu bewegen und somit die Navigationsbewegung relativ natürlich und mit nur einer Hand durchzuführen. Bei dieser Technik ist es auch möglich, ein sogenanntes Force Feedback[14] an den Nutzer zu übermitteln (Rey et al. 2009, S.431).

Im Zusammenhang mit einer **Stifteingabe** haben sich bislang primär Bedienelemente herausgebildet, die für die Nutzung mit einem Tablet oder einer anderen berührungsempfindlichen Fläche gedacht sind. Der Ursprung liegt dabei bei der Unterstützung von Grafikarbeiten, indem Grafikern die Möglichkeit eröffnet wurde mit Hilfe eines Eingabestiftes klassische Zeichenwerkzeuge (z.B. Buntstift und Pinsel) nachzubilden (Dorau 2011, S.70). Dadurch war es nun möglich, wesentlich präziser und natürlicher arbeiten zu können. Im Wesentlichen kann ein solcher Eingabestift aus einem Kunststoffgehäuse mit weichem Kern bestehen, wodurch Kratzer und Verschmutzung des Bildschirms vermieden werden können. Je nach verwendeter Hardware ist es möglich, sowohl Stiftdruck als auch –neigung zu erfassen und in spezifische Eingabebefehle umzuwandeln (Dorau 2011, S.72). Als Weiterentwicklung ist der Stift des zSpace (vgl. Kapitel 3.3.1) zu nennen. Dieser wird vom System getrackt und Position und Orientierung im Raum werden somit an den Rechner gesendet. Der Stift verfügt über drei

---

[14] Force Feedback beschreibt eine haptische Rückmeldung an den Nutzer.

3.2 Eingabemedien

verschiedene Tasten, mit deren Hilfe Aktionen ausgeführt werden können. So wird zum Beispiel der Befehl zum Greifen eines Objektes über einen Tastendruck gegeben. Aufgrund der freien translatorischen sowie rotatorischen Bewegungen, die das System hierbei erfasst, erinnert der Stift von seinem Funktionsumfang an einen Controller, weshalb er hier auch dieser Kategorie zugeordnet wurde (Dorau 2011, S.72).

Laut Abb. 23 würde als nächste Evolutionsstufe die sprachliche Interaktion folgen. Aufgrund der Tatsache, dass diese jedoch noch nicht weit genug ausgereift ist, um sie unter industriellen Rahmenbedingungen zum Einsatz zu bringen, wird diese in dieser Arbeit nicht weiter verfolgt. Für weitere Informationen sind hier *Pfister & Kaufmann 2008* und *Bellegarda 2014* zu nennen.

3.2.3 Berührungslose Interaktion

Dass die Gestensteuerung als neues, intuitives Bedienkonzept immer mehr auch in den Fokus der Industrie rückt, zeigt unter anderem die steigende Anzahl an Medienberichten, wie z.B. auch die VDI-Nachrichten vom Juli 2014. Auch hier wurde sowohl in eine Vision und in die bereits am Markt verfügbare Technologie zur Gestensteuerung unterschieden. Als Vision werden hier Szenarien herausgestellt, wie beispielsweise die Möglichkeit, dass eine pflegebedürftige Person ihr Bett in der Höhe mit Hilfe von Gesten verstellen kann. Weiterhin wird als Beispiel von einem NASA-Labor berichtet, in dem Roboter Legosteine mit Hilfe einer Gestensteuerung packen können (VDI Nachrichten 2014, S.12). Aus diesen Visionen heraus hat im Bereich der Spieleindustrie bereits ein erster Schritt in diese Richtung stattgefunden. Am Consumermarkt sind verstärkt Technologien vorzufinden, die eine Gestensteuerung ermöglichen. Einige ausgewählte sind in der folgenden Abbildung zu erkennen:

Abb. 26: Darstellung von Systemen zur Gestensteuerung

Die **Kinect** ist mittlerweile in der 2. Generation am Markt erhältlich. Sie ermöglicht ein Ganzkörpertracking, welches mit Hilfe einer Time-of-Flight Kamera realisiert wird (vgl. Kapitel 2.2.4). Die Tiefenkamera, welche in der Kinect 2.0 verwendet wird, verfügt über eine Sensorauflösung von 1080p. Die Tatsache des Ganzkörpertrackings ermöglicht es, sie auch in Bereichen zu nutzen, die einen größeren Trackingbereich aufweisen - wie beispielweise in einer Cave. Der Trackingbereich der Kinect beginnt im Abstand von ca. 1,20 Meter und reicht bis zu einer Entfernung von knapp 3,50 Meter. Die dabei wahrnehmbare Ausbreitung des Bereiches variiert von ca. 1,30 Meter am Anfang bis zu 3,80 Meter am Ende des Trackingbereiches (Microsoft 2015, o.S.).

Die erste Generation der Kinect nutzt hingegen noch ein Verfahren welches auch „structured light" Verfahren genannt wird. Diese Generation verfügt über einen Tiefensensor, eine RGB-Farbkamera sowie vier Mikrofone, mit deren Hilfe Spracheingaben des Nutzers erkannt werden können. Mit Hilfe der Kamera und den verschiedenen Sensoren sind aber auch ein Ganzkörpertracking und eine Gesichtserkennung möglich. Die Tiefenwahrnehmung der Kinect geschieht über den integrierten Tiefensensor. Dieser besteht aus einem Infrarotemitter und einer Infrarotkamera. Es wird Infrarotlicht ausgesendet, welches mit Hilfe eines Gitters gebeugt wird und dadurch in einzelne Punkte zerlegt werden kann. Aus den bekannten Daten der Hardware und den Infrarotpunkten kann mittels Triangulation das vorhandene Bild auch dreidimensional berechnet werden. Die unterschiedlichen Entfernungen der Punkte werden in Graustufen abgebildet, wobei ein naher Punkt mit einer dunkleren Farbe markiert wird (Zhang 2012, S.4ff).

Der **Leap Motion** Controller ist ein Sensor in etwa der Größe eines USB-Sticks, der das Tracking der Hände des Anwenders ermöglicht um anhand dieser Daten Gesten zu erkennen. Dabei sind bereits einige „Standardgesten" vorprogrammiert, welche vom System mit hoher Genauigkeit erkannt werden können. Zur Verwendung des Leap Motion Controllers sind lediglich die entsprechende Systemsoftware auf einem PC und ein USB-Anschluss erforderlich. Zur Gestenerkennung benötigt der Leap Motion Controller eine exakte Bestimmung der Position der Hände. Diese wird in Echtzeit mit Hilfe eines optischen Stereo-Trackingsystems mittels Infrarottechnik ermittelt. Zu diesem Zweck besitzt der Leap Motion Controller drei Infrarotemitter und zwei Infrarotkameras (Guna et al. 2014, S.3702ff.). Das Feld, innerhalb dessen der Controller Hände, Finger und andere Gegenstände erkennen kann, breitet sich vom Gerät weg in einem Winkel von 150° aus und liegt in etwa 2,5 bis 60 cm Höhe oberhalb des Sensors. Der Leap Motion Controller arbeitet dabei mit einer Bildrate von ca. 200 Bildern pro Sekunde und kann dabei alle 10 Finger des Nutzers bis auf ca. 1/100 mm tracken (Leap Motion 2015, o.S.).

Das **MYO-Armband** der Firma Thalmic Labs verfügt über eine Vielzahl an Sensoren, welche verschiedene Bewegungen zur Steuerung erfassen und verarbeiten können. Hauptaugenmerk liegt dabei auf den sog. Elektromyografiesensoren, die es dem Armband erlauben, elektrophysiologisch die Muskelaktivität zu messen und aus diesen die ausgeführten Gesten zu bestimmen. Dabei ermöglicht das Myo-Armband es, rund zwanzig verschiedene Gesten zu verwenden, die in einen Eingabebefehl umgewandelt werden können (Thalmic 2015, o.S.). Darüber hinaus können auch eine Vielzahl an

Bewegungsdaten erfasst werden. Diese werden mit Hilfe von 9-achsigen inertialen Messeinheiten erhoben. Der Aufbau einer solchen Messeinheit besteht aus jeweils einem dreiachsigen Gyroskop, Beschleunigungssensor und Magnetometer (Nuwer 2013, o.S.). Auf diesem Weg werden sämtliche Bewegungen des Armes verfolgt und können in Steuerbefehle umgewandelt werden. Die Daten werden mittels Bluetooth an den verbundenen Computer übertragen. Zusätzlich kann über das Armband ein sog. Force Feedback, also eine haptische Rückmeldung gegeben werden. Beispielsweise könnte dies ein Vibrieren des Armbandes sein, wenn der Nutzer gegen einen Gegenstand navigiert. Das MYO-Armband ist jedoch nicht dazu in der Lage, die Bewegung einzelner Finger zu erkennen, wie es bei der Verwendung der anderen Systeme möglich ist. Aufgrund der Auslegung des Systems ist ebenfalls auch kein Trackingbereich vorhanden, was Eingaben oder Befehle beispielsweise über die andere Hand des Nutzers ausschließt.

Der **FIN-Ring** wird am Daumen getragen und kann somit in Kombination mit einem weiteren Sensor den Ort der Hand im Raum lokalisieren. Er besitzt Beschleunigungs- und Lagesensoren, welche eine solche Interpretation ermöglichen. Vor allem aber verfügt der FIN-Ring über einen optischen Sensor, welcher Wisch- oder Tippbewegungen der Finger auf der Handfläche erkennen kann. Dabei kann mittels des Daumens ein Segment eines anderen Fingers angetippt werden, was für jedes unterschiedliche Segment eine andere Funktion auslösen kann. Um identifizierte Gesten und Bewegungen zu verarbeiten, werden diese mittels einer Bluetoothverbindung an ein beliebiges Gerät übertragen. So kann der Ring beispielsweise mit einem Smartphone gekoppelt sein und dazu genutzt werden, eine beliebige Nummer über das Bewegen der einzelnen Finger zu wählen ohne dabei das Smartphone in der Hand halten zu müssen (Kumparak 2014, o.S.).

3.3 Ausgabemedien

Anzeigemedien stellen ein bildgebundenes System dar, worüber der Nutzer Informationen visuell angezeigt bekommt. Im Rahmen dieser Arbeit wurden unterschiedliche Anzeigemedien für den Planungskontext im industriellen Umfeld untersucht. Eine Einordnung in den inhaltlichen Kontext gibt Abb. 27 wieder.

Hierfür wurde zunächst global betrachtet, welche Technologien am Markt verfügbar sind, die im Wesentlichen die Anforderungen eines Planungsarbeitsplatzes erfüllen. Diese sind neben der Möglichkeit einer intuitiven Bedienung auch die präzise Arbeitsweise auf der einen und ein hoher Grad an Immersion auf der anderen Seite. Es wurde in stationäre und mobile Anzeigemedien unterschieden, da dies im Arbeitsablauf sowohl für den Planer als auch für den Shopfloormitarbeiter von hoher Bedeutung ist.

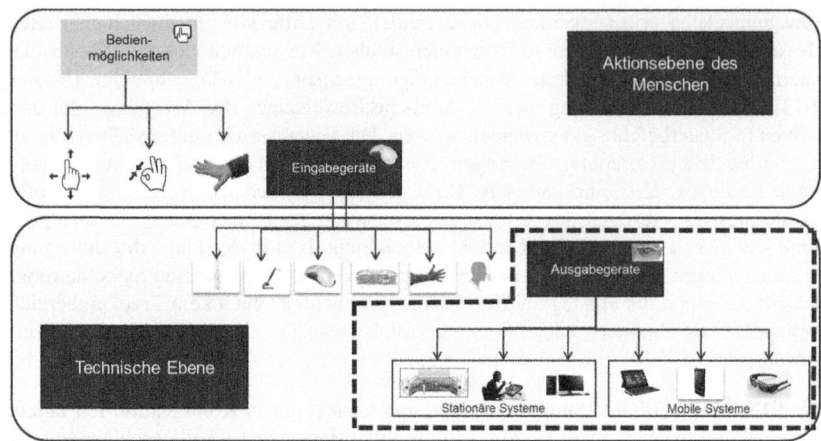

Abb. 27: Einordnung der Ausgabegeräte

3.3.1 Stationäre Anzeigemedien

Unter stationären Anzeigemedien werden hier solche Systeme verstanden, die ortsfest sind und somit nicht flexibel vom Nutzer mitgeführt werden können. Sie bieten häufig eine bessere Auflösung oder zeichnen sich besonders durch ihre Größe aus, weshalb sie nicht als mobiles Anzeigemedium geeignet sind. Im Folgenden soll im Rahmen der stationären Anzeigemedien auf die drei im industriellen Umfeld bedeutsamsten Lösungen eingegangen werden – verschiedene Projektionssysteme, den PC Monitor, sowie neue Ansätze, welche auf innovative Bedienungsmöglichkeiten abzielen.

Ein Projektionssystem oder eine **Cave**[15] ist eine mehrseitige Projektionswand, die es dem Nutzer ermöglicht, virtuelle Daten in realer Größe zu betrachten (Heinecke 2012, S.157). Der typische Aufbau einer Cave ist die würfelförmige Anordnung von sechs Projektionsflächen (Sutradhar et al. 2008, S.14 und Heinecke 2012, S.157). Da der Nutzer die Möglichkeit haben muss direkt vor den Projektionswänden die virtuellen Inhalte zu betrachten, ist in diesem Fall von einer Aufprojektion abzuraten, da es hierbei häufig zu Verschattungen (physikalische Verdeckung) durch den im Strahlengang stehenden Nutzer kommt, denen bei einer Rückprojektion vorgebeugt werden kann (Wegerich 2012, S.14). Hierbei wird das Bild von hinten auf die Projektionswand geworfen. Dabei steht der primäre Nutzer innerhalb der Cave und trägt meist eine Stereo[16]-Brille mit entsprechendem Tracking. Bewegt sich der Nutzer innerhalb der Cave, so berechnet das System für jede Projektion die passende stereoskopische Per-

---

[15] Engl. für **Cave A**utomatic **V**irtual **E**nvironment

[16] Eine stereoskopische Sicht ermöglicht die Wahrnehmung von räumlicher Tiefe. Dabei wird auf Basis der Vergenz (Stellung der Augen zueinander) und der Querdisparation (Abweichung der Bilder voneinander) zweier von den Augen aufgenommener Bilder, ein Bild mit entsprechender Tiefeninformation errechnet (Heinecke 2012, S.157f.).

3.3 Ausgabemedien

spektive, wodurch sich das Sichtfeld dynamisch den Bewegungen anpasst (Sutradhar et al. 2008, S.14). Stereobrillen für solche Systeme sind in aktive und passive Modelle zu unterscheiden. Bei der aktiven Methode finden sogenannte Shutterbrillen Einsatz, bei der lediglich jedes zweite Bild (engl. Frame) abwechselnd pro Auge gesehen werden kann. Realisiert wird dies durch die Verwendung von Flüssigkristallen, welche das jeweilige Brillenglas undurchsichtig werden lassen. Hierbei ist zu beachten, dass eine Abstimmung mit dem jeweiligen Ausgabegerät erfolgen muss, um für das jeweilige

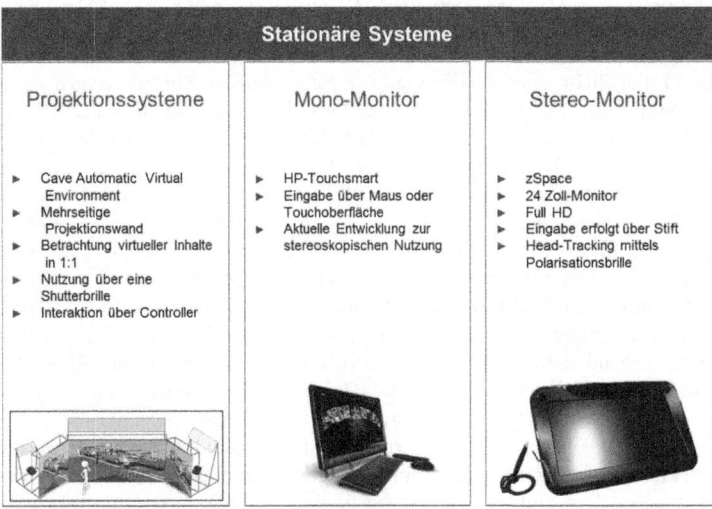

Abb. 28: Übersicht der stationären Anzeigemedien[17]

Auge ein synchrones Bild darzustellen. Im Gegensatz dazu stehen passive Systeme, die sowohl in der Virtuellen Realität als auch im Consumerbereich aufgrund ihrer geringeren Kosten weit verbreitet sind. Diese passiven Systeme basieren auf polarisiertem Licht, welches durch Polarisationsfilter im Projektor und in der Brille für eine Kanaltrennung der einzelnen Bilder für das linke und rechte Auge sorgen. Um eine solche Trennung zu erlangen ist es an dieser Stelle notwendig, zwei Projektoren einzusetzen (Grimm et al. 2013a, S.131). Die Interaktion mit der gewählten Szene innerhalb einer Cave erfolgt durch Eingabegeräte wie beispielsweise einen Controller (vgl. Kapitel 3.2.2). Durch die Größe der Cave fällt es dem Nutzer leichter als bei der Verwendung eines kleineren Displays, die virtuelle Welt wahrzunehmen, was den Immersionsgrad zusätzlich erhöht (Sutradhar et al. 2008, S.14 und Grimm et al. 2013a, S.133).

Das am häufigsten im Bürobereich genutzte Anzeigemedium ist der **Mono Monitor**, da dieser für die Nutzung eines PCs unabdingbar ist um die verarbeiteten Daten für den Nutzer sinnvoll anzuzeigen. Solche Monitore reichen im Regelfall von 17 bis 32

---

[17] Die Cave ist hier ein Schema einer dreiseitigen Projektionsleinwand (nach Fahlbusch 2001, S.93)

Zoll für die Arbeitswelt, je nach vorgesehener Anwendung (Dell 2015, o.S.). Um ergonomischen Anforderungen gerecht zu werden wird auch die Qualität, Größe und Bedienmöglichkeit solcher Monitore ständig weiterentwickelt. Aktuell bietet der Markt immer mehr Geräte, die neben den Standardtechniken auch eine Bedienung mittels Berührung oder Gesten ermöglichen, wie z.B. Monitore der **HP-Touchsmart** Serie. Mit diesen kann sowohl über das gewohnte Betriebssystem gearbeitet werden, allerdings auch eine eigene Benutzeroberfläche zur Touchbedienung aufgerufen werden (Dorau 2011, S.57). Um gerade bei CAD-Anwendungen eine bessere Visualisierbarkeit zu gewährleisten, werden aktuell Anstrengungen unternommen, um Darstellungen am einzelnen Arbeitsplatz an **Stereo-Monitoren** anzubieten (Schenk, Wirth & Müller 2014, S.659). Ein Gerät, welches diesen Anforderungen genügt ist z.B. das **zSpace** der gleichnamigen Firma. Grundsätzlich beinhaltet das zSpace drei Technologien, die es für einen „Arbeitsplatz der Zukunft" interessant machen: einen Monitor, der sowohl stereoskopische, als auch monoskopische Darstellungen ermöglicht, ein Trackingsystem zur Erfassung der Position der Brille und damit der Ausrichtung des Kopfes des jeweiligen Nutzers, welches mit Infrarottechnik arbeitet, sowie einen Eingabestift als Interaktionsmedium (zSpace 2015, o.S.). Der Monitor des zSpace kann mit einer Größe von 24 Zoll auch als Arbeitsplatzmonitor genutzt werden. Weiterhin ist eine Full HD (High Definition) – Auflösung mit 1920x1080 Pixeln möglich. Um das integrierte Head-Tracking, welches mit Hilfe einer Polarisationsbrille mit entsprechenden Markern geschieht, zu ermöglichen, wird der zSpace-Monitor zudem im 30 Grad-Winkel aufgestellt. Das Trackingsystem besteht aus zwei Infrarotkameras in den oberen Ecken des Gerätes. Durch das Zusammenspiel dieser Komponenten kann die Position und Kopfausrichtung des Anwenders bestimmt werden und ein perspektivisch korrektes stereoskopisches Bild erzeugt werden. Mit Hilfe des Eingabestiftes ist es dem Nutzer möglich, bestimmte Befehle zu erteilen (zSpace 2015, o.S.).

Die hier genannten Komponenten dienen aufgrund ihrer Größe und Komplexität primär stationären Anwendungen. Um digitale Inhalte jederzeit an jedem Ort verfügbar zu haben und betrachten zu können, steigt der Wunsch nach mobilen Lösungen. Smartphones, Tablets und auch Brillen, wie zuletzt die HoloLens von Microsoft haben gezeigt, welches Potenzial sich hinter solchen Möglichkeiten verbirgt.

3.3.2 Mobile Anzeigemedien

Mobile Anzeigemedien haben den Vorteil, dass sie vom Nutzer an jeden beliebigen Ort mitgeführt werden können, da sie Aspekte wie Größe und Gewicht berücksichtigen. Besonders in Zeiten der Digitalisierung ist der Wunsch einer möglichen Mitnahme sämtlicher Daten und flexibler Bearbeitung gestiegen. In diesem Kapitel sollen einige im Industriebereich diskutierte mobile Anzeigemedien vorgestellt werden. Der Begriff **Mobilität** stammt aus dem Lateinischen „mobilitas" und beschreibt die Beweglichkeit (Duden 2013, Stichwort Beweglichkeit). Laut *Küpper, Reiser* und *Schiffers* kann die Mobilität in primäre und sekundäre Mobilitätsformen unterschieden werden (Küpper, Reiser & Schiffers 2004, S.68ff). Diese Einteilung zeigt die folgende Abbildung:

3.3 Ausgabemedien

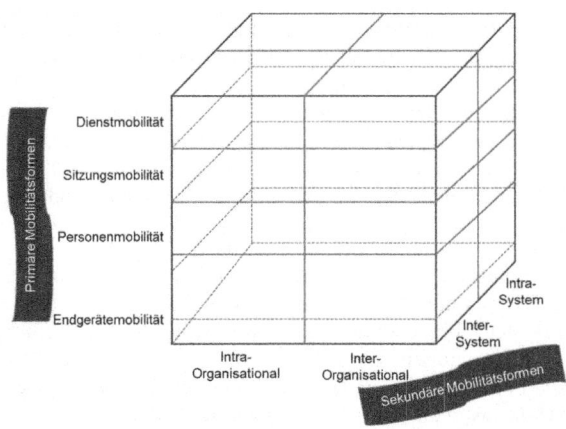

Abb. 29: Primäre und sekundäre Mobilitätsformen (nach Küpper, Reiser & Schiffers 2004, S.68ff.)

Die primären Mobilitätsformen werden in Dienst-, Sitzungs-, Personen- und Endgerätemobilität differenziert, während sich die sekundären in inter- und intrasystem Mobilität sowie in inter- und intraorganisationale Mobilität unterteilen.

Dabei bezeichnet die Dienstmobilität, welche häufig im Bereich des Mobilfunks beschrieben wird die Möglichkeit, je nach Auslegung dem Anwender Dienste netz-, betreiber- und geräteübergreifend zur Verfügung stellen zu können. Im Kontext dieser Arbeit steht vor allem letzteres im Fokus. So ist es wünschenswert, dass sämtliche genutzte Anwendungen bei einem Wechsel des verwendeten Endgerätes transferiert werden, ohne dass eine aufwändige Konfiguration und Personalisierung notwendig wird. Die Sitzungsmobilität beschreibt das einfache Wiederaufnehmen der Arbeit nach einer Unterbrechung. *„Eine Sitzung bezeichnet die temporäre Beziehung zwischen verteilten Dienstkomponenten im Rahmen der Diensterbringung."* (Küpper, Reiser & Schiffers 2004, S.74 und Kaspar 2005, S.43ff.). Nach einer Unterbrechung stehen dem Anwender bei einem erneuten Aufruf der Sitzung das abgespeicherte Stadium und bereits getätigte Eingaben zur Verfügung. Je nach System kann eine solche Unterbrechung zu jeder Zeit (kontinuierlich) oder aber nur zu bestimmten Synchronisationszeitpunkten (diskret) geschehen (Küpper, Reiser & Schiffers 2004, S.68ff. und Hess & Rauscher 2008, S.96ff.). Die Personenmobilität ermöglicht das Anmelden einer Person auf verschiedenen Endgeräten unter gleichzeitiger Aufrechterhaltung seiner virtuellen Identität. Das bedeutet, dass ein angelegtes Nutzerprofil über verschiedene Endgeräte und Netzgrenzen hinweg verfügbar ist. Dies ist nur unter der Voraussetzung möglich, dass Merkmale zur eindeutigen Identifikation des jeweiligen Anwenders registriert sind. Dabei kann es sich beispielsweise um eine Kombination aus Nutzername und Passwort oder eine Chipkarte handeln. Diese Tatsache der Nutzersicherheit ist insbesondere für den industriellen Einsatz solcher Geräte von großer Bedeutung. Die Endgerätemobilität beschreibt die den mobilen Endgeräten eigene Flexibilität bezüglich der Bindung an einen festen Ort. Die Tatsache, dass Smartphones, Tablets, PDAs, etc.

an jeden beliebigen Ort mitgenommen werden können, begründet die Endgerätemobilität. Auch hier wird in diskrete und kontinuierliche Endgerätemobilität unterschieden, abhängig von der Art, über die eine Anbindung ans Netz realisiert wird. Bei der kontinuierlichen Endgerätemobilität wird eine drahtlose Verbindung zwischen mobilem Endgerät und einem bestimmten Netz initiiert, während die diskrete Variante eine kabelgebundene Verbindung über einen Zugangspunkt voraussetzt (Küpper, Reiser & Schiffers 2004, S. 68ff. und Hess & Rauscher 2008, S.96ff. und Lonthoff 2007, S.57ff.).

Die Formen der sekundären Mobilität beziehen sich auf systemtechnische und organisatorische Faktoren, was die Mobilität im Zusammenhang von Organisationen oder Kommunikationssystemen beschreibt. Diese lassen sich jeweils in intra- und intersystem- und intra- und interorganisationale Mobilität unterscheiden. Von besonderer Relevanz sind die Formen der sekundären Mobilität im Bereich des Mobilfunks oder im Bereich der IT-Infrastruktur von Unternehmen, was an der organisationalen Mobilität erkennbar wird. Hierbei steht die intraorganisationale Mobilität für den Austausch innerhalb eines Netzes, während die interorganisationale Mobilität die Unterstützung zwischen mehreren Netzen beschreibt. Bezogen auf den Einsatz innerhalb eines Unternehmens bedeutet dies, dass sich mobile Endgeräte, Mitarbeiter, Sessions und Dienste innerhalb des Unternehmens frei bewegen können. Interorganisationale Mobilität steht für eine übergreifende Mobilität zwischen verschiedenen Unternehmen und stellt aufgrund von Sicherheitsanforderungen in den meisten Fällen lediglich eine theoretische Ausprägung dar. Analog dazu beschreibt die Inter- und Intrasystemmobilität Beziehungen zwischen heterogenen und homogenen Technologiesystemen, wie z.B. verschiedene Arten mobiler Endgeräte (Christmann 2012, S.11). Nachdem die Mobilität als solche und ihre einzelnen Formen aufgezeigt wurden, soll nun auf die nutzende Technologie, also z.b. Tablets und Smartphones eingegangen werden.

Mobile Endgeräte zeichnen sich dadurch aus, dass sie als ortsungebundene Computer verwendet werden können. Dies bedeutet, dass sich ihr Standort leicht oder zumindest ohne großen Aufwand verändern lässt. Darüber hinaus müssen sie die Voraussetzung erfüllen in ein bestehendes (Firmen-)Netz integriert werden zu können um beispielsweise Zugriff auf das mobile Internet oder auf Firmenserver zu ermöglichen (Christmann 2012, S.18ff.). Verschiedene Devices erfüllen diese Anforderungen, wobei Smartphones und Tablet PCs die aktuell weit verbreitetsten sind.

Warum Tablets, Smartphones und Brillen zukünftig für die Industrie eine Rolle spielen könnten, soll nun im Folgenden aufgezeigt werden.

3.3 Ausgabemedien 45

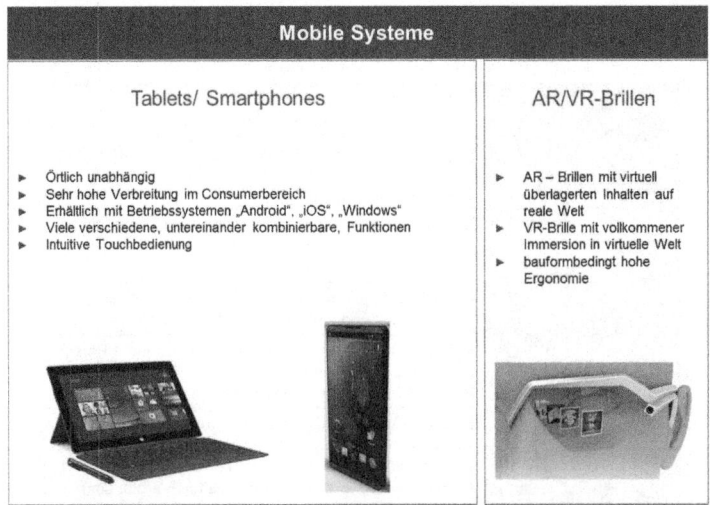

Abb. 30: Darstellung mobiler Systeme

Tablets und **Smartphones** zeichnen sich insbesondere dadurch aus, dass sie dem Nutzer die Möglichkeit bieten, Daten an jedem beliebigen Ort verfügbar zu haben. Das große Spektrum an umfassenden Funktionalitäten wie beispielsweise mobilem Internet, Telefonie und eine E-Mail-Funktion prädestinieren diese Geräteklasse für einen Einsatz im industriellen Umfeld. Darüber hinaus bieten sie die Möglichkeit, verschiedene Fotos, Videos oder Sprachnotizen aufzunehmen, zu speichern und wiederzugeben (Sontag 2014, S.49). Da mobile Endgeräte häufig mit unterschiedlichen Sensoren, wie z.B. Bewegungs- und Beschleunigungssensoren ausgestattet sind, können Ort und Position des Nutzers, sowie die Lage des Gerätes im Raum ermittelt werden. Die Tatsache, dass sich diese Grundfunktionalitäten zum Teil untereinander kombinieren lassen, erschließt eine Vielzahl an weiteren potenziellen Einsatzgebieten (Brosch 2014, S.31f.).

So könnte beispielsweise im Umfeld der Automobilproduktion zur bedarfsgerechten Bereitstellung von Informationen durch das mitgeführte mobile Endgerät ein Foto von der zu beschreibenden Stelle aufgenommen und inklusive GPS-Informationen an den indirekten Bereich direkt per Mail versendet werden (Beispiel für Außendienstaktivitäten). Neben den technischen Eigenschaften dieser Geräte, bringen sie ebenfalls eine Vielzahl an charakteristischen Merkmalen mit sich, die ihre Attraktivität maßgeblich bedingen. Die folgende Tabelle nach *Christmann* in Anlehnung an *Lehner* zeigt diese auf (Christmann 2012, S.24 und Lehner 2003, S10ff.).

Tab. 2: Charakteristische Eigenschaften mobiler Endgeräte (Christmann 2012, S.24 und Lehner 2003, S.10ff.)

Ortsunabhängigkeit	Mobile Endgeräte können unabhängig vom geographischen Standort verwendet werden.
Vertrautheit	Mobiltelefone sind einfach zu bedienen und durch ihre weite Verbreitung stellen sie für viele Nutzer ein gewohntes Werkzeug dar.
Erreichbarkeit	Nutzer sind jederzeit erreichbar und können z.b. über Push-Mail, SMS/MMS oder Anrufe angesprochen werden.
Sofortige Verfügbarkeit	In der Regel bleiben mobile Endgeräte dauerhaft eingeschaltet und sind somit ad-hoc nutzbar.
Personalisierbarkeit	Mobile Endgeräte werden zumeist nur von einer Person verwendet. Personen sind damit exakt identifiziert und können gezielt angesprochen werden.
Identifizierbarkeit	Durch die Verwendung und Verfolgung von Subscriber-Identification-Modules (SIM-Karten) können Transaktionen einer real existierenden Person zweifelsfrei zugeordnet werden. Dadurch ergibt sich eine hohe Sicherheit.

Erst die Gesamtheit all dieser charakteristischen Merkmale macht mobile Endgeräte über ein weites Anwendungsspektrum, sowohl im privaten als auch im industriellen Kontext, so interessant. Dennoch wird der Wunsch nach erhöhter Immersion und gesteigerter Variabilität und Mobilität immer größer, weshalb der Einsatz von Datenbrillen zur Darstellung virtueller Inhalte mehr und mehr ins Visier der privaten und industriellen Anwender rückt.

Spätestens mit der Vorstellung der Google Glass im Jahr 2013 sowie die HoloLens 2015 erwarteten viele Nutzer virtueller Techniken den Anbruch einer neuen Ära für **Datenbrillen**. Mittlerweile gibt es eine Vielzahl solcher Brillen und damit auch eine hohe Variantenvielfalt. Im Verlauf dieser Arbeit wurden Datenbrillen jedoch nicht weiter berücksichtigt, da sie zum einen den notwendigen Tragekomfort noch nicht aufweisen und zum anderen nicht die notwendige Performance bereitstellen, um große Datenmodelle (wie sie in der Planung zum Einsatz kommen) anzeigen zu können. Es soll hier lediglich zwischen videobasierten- und optisch basierten Brillen unterschieden werden, woraus die Kategorien „video-see-through" und „optical-see-through" resultieren. Video-see-through-Brillen zeichnen sich im Wesentlichen durch ihre geschlossene Form aus, die den Betrachter vollkommen von der Außenwelt abschirmt. In diesem Fall kann entweder ein virtuelles oder aber auch ein reales Bild generiert und mittels zweier perspektivisch unterschiedlicher Bilder dem Betrachter so visualisiert werden, dass ein räumlicher Eindruck entsteht (Broll 2013, S.271ff.). Bisher finden diese Brillen primär Anwendung in der Spieleindustrie, da sie ein realitätsnahes Eintauchen in die virtuelle Welt ermöglichen, jedoch wurden auch erste Untersuchungen im Bereich der Automobilindustrie vorgenommen. Optical-see-through-Brillen ermöglichen das Einblenden virtueller Daten innerhalb des Blickfeldes des Anwenders. Diese Form der Datenbrille ermöglicht das augmentieren von Inhalten auf die tatsächlich real wahrgenommene Umgebung (Broll 2013, S.273ff.). Aufgrund der Tatsache, dass

3.3 Ausgabemedien

diese Art der Brillen (wie es auch die bereits genannte Google Glass oder die HoloLens darstellen) wesentlich leichter und somit besser nutzbar für den täglichen Gebrauch sind, werden sie für die Industrie in Bereichen wie beispielsweise der Logistik oder der Montage von immer größerem Interesse (FAZ 2015).

4 Virtuelle Absicherung im Planungsprozess

Um eine strukturierte Vorgehensweise im Unternehmen zu gewährleisten, ist eine möglichst umfassende Planung unerlässlich. Dabei kann Planung in strategische, taktische und operative Planung unterteilt werden, wobei die strategische Planung primär auf den langfristigen Aufbau und Erhalt von Erfolgspotenzialen abzielt, die taktische Planung mittel- und die operative Planung kurzfristige Zeiträume umfasst (Klein & Scholl 2012, S.19). Nach *Wild* beschreibt Planung einen systematisch-methodischen Prozess zur Erkenntnis und Lösung von Zukunftsproblemen (Wild 1982, S.13). Dabei umfasst der Produktentstehungsprozess (PEP), welcher die Gesamtheit aller Prozessschritte von der Entwicklung bis zur Herstellung eines Produktes beschreibt, sowohl Bereiche der strategischen- als auch der operativen Planung (Feldhusen & Grote 2013, S.11 und Gausemeier et al. 2001, S.44f). Im Kontext dieser Arbeit ist insbesondere der Bereich der operativen Planung gemeint, weshalb diese auch im weiteren Verlauf im Fokus steht. Hierfür wird zunächst der klassische PEP nach Westkämper erläutert, um dann eine Adaption auf den PEP im Automobilbau vorzunehmen.

Wie bereits in Kapitel 2.2 erläutert wurde, bieten sowohl die Virtual Reality, als auch die Augmented Reality großes Potenzial, um im industriellen Kontext eine Steigerung der Planungsqualität zu bewirken. Beide ermöglichen es, bereits in frühen Planungsphasen Absicherungen vorzunehmen und somit Fehler zu vermeiden. Besonders die Virtual Reality findet seit mehreren Jahren als anerkanntes Planungstool Anwendung. Sowohl im Bereich der Simulation, als auch im allgemeinen Planungskontext, werden Produkte zuerst virtuell geplant, bevor eine reale Umsetzung erfolgt. Es können Kollisionen oder andere Störfaktoren erkannt und rechtzeitig Maßnahmen eingeleitet werden, um diesen entgegenzuwirken. Die zeitliche Festlegung solcher Untersuchungen im Laufe der Entwicklung eines Produktes wird im PEP festgehalten.

4.1 Der Produktentstehungsprozess

Um eine feste Struktur in den Planungsabläufen großer Industrieunternehmen zu erlangen, wurde individuell ein Produktentstehungsprozess entwickelt, welcher geordnete Prozessabläufe ermöglicht. Dieser lässt sich in die Produktplanung und in die Produktentwicklung aufteilen. Mit Aufnahme der Entwicklungstätigkeit führt eine Vielzahl von Unternehmen innerhalb der Produktplanungsphase Untersuchungen zu technischen Entwicklungen sowie Kundenwünschen durch. Anhand dieser Marktforschungsergebnisse können Lastenhefte erstellt werden, die als Grundlage für die spätere Entwicklung dienen (Westkämper 2006, S.117).

4 Virtuelle Absicherung im Planungsprozess

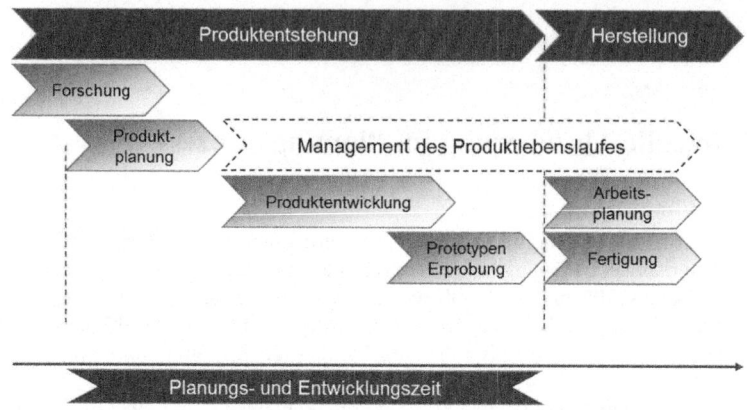

Abb. 31: Der klassische Produktentstehungsprozess (vgl. Westkämper 2006, S.118)

Zu Beginn des Produktlebenszyklus befindet sich die Phase des Produktentstehungsprozesses. Diese umfasst verschiedene Abschnitte, mit deren Hilfe eine Segmentierung des Prozesses möglich ist. Im Rahmen dieser Phasen wird neben den bereits angesprochenen Marktforschungstätigkeiten auch Grundlagenforschung betrieben. Dabei sollen neue wissenschaftliche Erkenntnisse in das Produkt einfließen. An die Forschungsphase schließt die Planungsphase an, innerhalb der sowohl eine strategische als auch eine operative Planung stattfindet. Im Mittelpunkt der strategischen Produktplanung steht die Identifikation möglicher Geschäftsfelder, während diese in der operativen Planung in Produktideen umgesetzt werden. Nachfolgend findet die eigentliche Produktentwicklung statt.

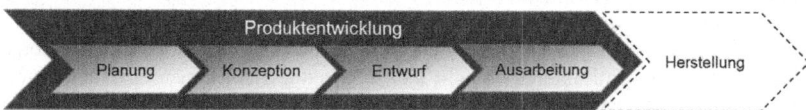

Abb. 32: Die Produktentwicklung innerhalb des PEP (vgl. Westkämper 2006, S.121)

Zu Beginn der Produktentwicklung erfolgt die Erstellung eines Pflichtenheftes, dessen Inhalt für die anschließende Konzeptionsphase von Bedeutung ist. Der Entwurf bietet einen ersten Eindruck des zukünftigen Produktes, welcher in der nachfolgenden Ausarbeitung so weit definiert wird, dass die endgültigen Fertigungsunterlagen komplett vorliegen (Westkämper 2006, S.121). Mit Hilfe dieser Fertigungsunterlagen, deren Anforderungen in zahlreichen Normen zum DIN-gerechten Konstruieren festgelegt sind, wird anhand der in der VDI-Richtlinie 2221 genannten Vorgehensweise das Produkt erstmalig als Prototyp gefertigt (Westkämper 2006, S.122 und VDI 2221 1993, S.10). Im Anschluss daran erfolgt daher die Erprobung dieser Prototypen. Mit Hilfe dieser Versuche sollen unter anderem die Ermittlung der Kundenakzeptanz, die Erprobung unter realen Bedingungen, die Zuverlässigkeit und die Bedienbarkeit überprüft werden. Hieran schließt die Herstellung an, deren Bestandteil die Arbeitsvorbereitung und Fertigung sind. (Westkämper 2006, S.129).

4.2 Der PEP in der Automobilindustrie

Der eben beschriebene „klassische Produktentstehungsprozess" bildet lediglich eine Grundlage für sämtliche industrielle Abläufe, vor allem aber dem in der Automobilindustrie. Die folgende Abbildung zeigt ein Referenzmodell eines solchen angepassten PEPs nach Göpfert und Schulz.

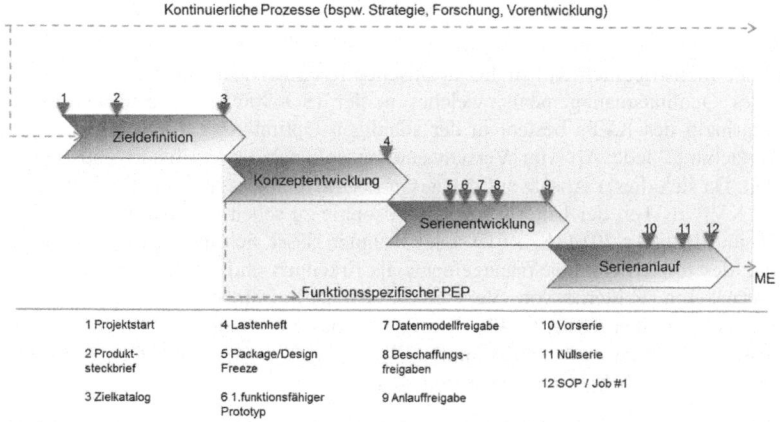

Abb. 33: Referenzmodell für den PEP (vgl. Göpfert & Schulz 2012, S.2)

Auch hier ist die Zieldefinition zu Beginn erkennbar, innerhalb der sich als Meilenstein beispielsweise der Projektstart sowie die Erstellung des Produktsteckbriefes befinden. Darauffolgend beginnt die Phase der Konzeptentwicklung die mit der Erstellung des Lastenheftes endet. Mit den darin enthaltenen Anforderungen beginnt die Phase der Serienentwicklung, hier wird beim Meilenstein *Design Freeze (5)* das endgültige Erscheinungsbild des Produktes festgelegt und ein erster Prototyp produziert. Des Weiteren werden Daten zur Fertigung und Beschaffungsaufträge freigegeben. Den Abschluss bildet die Anlauffreigabe. Mit dem Serienanlauf startet die Fertigung, wobei vor dem *Start Of Production* (SOP) zunächst eine Vorserie und eine Nullserie produziert werden (Göpfert & Schulz 2012, S.245). Die Vor- und Nullserie dienen dazu, Anlagen, Prozesse und Werkzeuge mit Hilfe verschiedener Testlose mit steigender Stückzahl und Serienreife zu testen sowie die Mitarbeiter an ihre zukünftigen Tätigkeiten heranzuführen. Der PEP endet ca. 3 Monate nach dem SOP mit der Markteinführung (Schulz 2014, S.5).

4.3 Einsatz und Bedeutung der virtuellen Absicherung

Die allgemeine Marktsituation wird geprägt durch hohe Anforderungen an Qualität und Effizienz. Um diesen gerecht zu werden ist es von hoher Bedeutung, geeignete Maßnahmen zu deren Beeinflussung zu treffen. Häufigere Modellwechsel und damit einhergehende kürzere Entwicklungszyklen stellen die Hersteller vor die Herausforderung, die Kosten bei mindestens gleichbleibender Qualität zu senken. Die Methoden der virtuellen Absicherung sowie des Qualitätswesens, die im Folgenden vorgestellt werden, stellen dabei vielversprechende Werkzeuge der Unternehmen dar.

4.3.1 Kontinuierlicher Verbesserungsprozess (KVP)

Der Kontinuierliche Verbesserungsprozess (KVP) stellt eine Weiterentwicklung durch westliche Industrieunternehmen des japanischen KAIZEN-Prinzips dar. Er bildet einen Teil des Qualitätsmanagements, welches in der ISO 9000ff. [18] festgelegt ist. Das Grundprinzip des KVPs besteht in der ständigen Optimierung von Prozessen durch Vereinfachung. Jede Art von Verschwendung soll dabei identifiziert und reduziert werden. Da sich dieser Ansatz auf das gesamte Unternehmen und seine Arbeit bezieht, ist der KVP als Teil der Unternehmensphilosophie zu sehen (Kostka & Kostka 2013, S. 5ff. und Brunner 2014, S. 39 f.). Laut Brunner „lässt sich die wirtschaftliche Zielsetzung des totalen Qualitätsmanagements als Erkennen und Eliminieren der häufigsten Arten von Fehlern, von Verschwendung und schlechter Ressourcennutzung definieren" (Brunner 2014, S. 40). Die Phasen des Kontinuierlichen Verbesserungsprozesses werden durch den sogenannten PDCA-Zyklus (oder auch Deming-Zyklus)[19] beschrieben, was für Plan-Do-Check-Act steht.

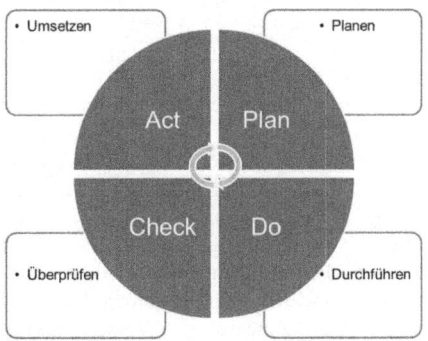

Abb. 34: Darstellung des PDCA-Zyklus (nach Weigert 2008, S.60)

---

[18] Gemeint ist hier die *ISO 9000-Norm zum Qualitätsmanagement*, Genf: International Organization for Standardization

[19] Benannt ist der „Deming-Zyklus" nach William Edwards Deming (1900-1993), einem amerikanischen Physiker und Statistiker, den er an den Shewhart-Zyklus stark angelehnt hat.

4.3 Einsatz und Bedeutung der virtuellen Absicherung

Jeder Prozess beginnt mit einer umfassenden Planungsphase (Plan) in der vorhandene Verbesserungspotenziale analysiert werden. Daran anschließend folgt die Phase des Durchführens (Do) und aktiven Umsetzens der vorab bestimmten Maßnahmen zur Zielerreichung. Der Grad der Zielerreichung wird im Anschluss überprüft (Check). Bei festgestellten Änderungs- oder Verbesserungspotenzialen werden mögliche Strategien zur Umsetzung oder Vorbeugung festgelegt (Act) (Weigert 2008, S.60 und Syska 2006, S.100f.). Auch wenn der KVP den gesamten Produktlebenszyklus umfasst, so ist in dieser Arbeit lediglich der Bereich der frühen Phase mit der Planung von Bedeutung, in dem besonders das Anlaufmanagement ein großes Potenzial bietet. Dies liegt unter anderem daran, dass ein hoher Teil der Gesamtkosten eines Produktes bereits in der Produktentstehung anfällt (Peters & Hofstetter, 2008, S.18). So zeigen Untersuchungen, dass innerhalb der technischen Planung bereits 90 Prozent der Produktkosten festgelegt werden (Ehrlenspiel et al. 2014, S.15f.).

4.3.2 3P-Workshop

Der Begriff „3P" steht für „production preparation process" (dt. Produktionsvorbereitungsprozess) und beschreibt einen definierten Prozess, in dem Freiraum zum kreativen Denken geschaffen wird. Diese Möglichkeit soll die Teilnehmer dazu anregen, Ideen zu entwickeln und dabei neue, innovative Produkte und Prozesse zu generieren. Dies geschieht meist in einwöchigen Workshops, die am besten außerhalb der gewohnten Arbeitsumgebung stattfinden um eine kreative Denkweise zu unterstützen (Plsek 2014, S.46). Dabei werden die Teilnehmer stets von einem Team unterstützt, welches entsprechende Methoden für einen solchen Prozess kennt. Zu Beginn werden gewisse Rahmenbedingungen oder Ziele vereinbart. Dies können z.B. Ziele wie „5 Prozent Platzeinsparung" oder „10 Prozent Kostensenkung" sein. Häufig wird 3P auch für Produkt, Prozess und Person angesehen, was den Grundgedanken dieser Workshops nach Coletta am treffendsten beschreibt (Coletta 2012, S.2ff.).

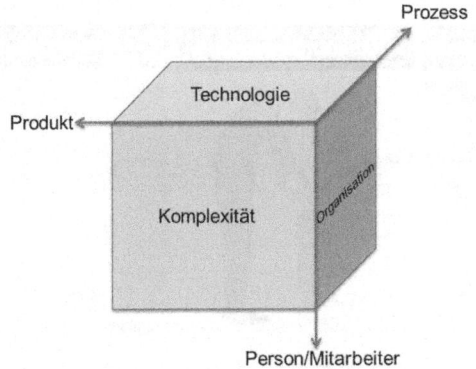

Abb. 35: Die drei Dimensionen eines schlanken 3P-Workshops (nach Coletta 2012, S.4)

Das Produkt, mit seinen technischen Hintergründen oder den Kundenbedürfnissen die erfüllt werden sollen, steht dabei für jedes Unternehmen im Vordergrund. Eingeschränkt durch diese Randbedingungen wird häufig der Blick auf den Prozess verstellt, der eventuell ein Produkt noch einmal ändert und damit eine wesentlich bessere Lösung hervorbringt. Somit wird auch der Prozess der Produktentstehung genau betrachtet. Der Prozess beschreibt dabei einzelne Materialien, die im Laufe der Zeit und mit Hilfe menschlicher Arbeit ihren Wert erhöhen. Dabei wird besonders darauf geachtet, dass auch die Personen bei den entsprechenden 3P-Workshops anwesend sind, die tatsächlich am Ende am Zusammenbau der Produkte beteiligt sind, da hier am meisten Know-How und Verständnis des Endproduktes vorliegen. Es sollen Arbeitsabläufe erleichtert und neue Ideen für eine schnelle und sichere Montage erarbeitet werden. Im industriellen Bereich zielt dies somit vor allem auf Teilnehmer aus den Bereichen Entwicklung, Planung, Montage ab (Coletta 2012, S.3ff.).

4.3.3 Virtuelle Absicherung

Um bereits in sehr frühen Phasen des Produktentstehungsprozesses Aussagen darüber treffen zu können, ob Produkt und Prozess in geplanter Weise umsetzbar sind, werden sogenannte „virtuelle Absicherungen" durchgeführt. Dabei werden unterschiedliche CAx-Methoden genutzt, um mit dem virtuellen Abbild planen und interagieren zu können (Flick 2010, S.10 und VDI 3633). So können bei Neu- und Umplanungen mögliche Komplikationen identifiziert und ihnen rechtzeitig entgegengewirkt werden. Es findet eine zeitliche Vorverlagerung in die virtuelle Phase statt (Bauer 2009, S.5). Die dazu genutzten Daten stellen „die wirklichkeitsgetreue Beschreibung eines Produktes im Rechner dar. Sie bestehen aus Dokumenten, Attributen und Strukturen (kurz CAD-Daten) und sind damit eine auf ein bestimmtes Endprodukt (z.B. Fahrzeug) bezogene, abgegrenzte Datenmenge." (Eigner & Stelzer 2009, S.56). Je nach Anforderung können sich virtuelle Absicherungen in ihrem Umfang stark unterscheiden und damit auch die angewandten Methoden.

Abb. 36: Verschiedene Stufen der virtuellen Absicherung (nach Flick 2010, S.10ff.)

4.3 Einsatz und Bedeutung der virtuellen Absicherung

Die erste Stufe bildet dabei die Visualisierung. Dabei werden CAD-Daten dreidimensional dargestellt und können aus unterschiedlichen Ansichten untersucht und bewertet werden. Bei Montageumfängen kann daraufhin auch eine Verbausimulation durchgeführt werden. Diese baut auf der Visualisierung auf und ermöglicht darüber hinaus das Bestimmen eines Einbaupfades, welcher visualisiert und simuliert werden kann. Dies ermöglicht die Identifikation kritischer Punkte und möglicher Kollisionen. Zusätzlich kann, um Aussagen über die Arbeitssituation an der Montagelinie treffen zu können, oder Ergonomiebewertungen durchzuführen, ein Menschmodell in die Simulation mit einbezogen werden (Flick 2010, S.10 ff.).

Vorteile der virtuellen Absicherung liegen vor allem in der Kosteneinsparung, die daraus resultiert, dass die Anzahl der Prototypen reduziert werden kann und kostenintensive Nacharbeiten entfallen. Der frühzeitige Einsatz resultiert in einer verkürzten Entwicklungszeit und ermöglicht kontinuierliche Optimierungen sowohl produkt- als auch prozessseitig (Flick 2010, S.13).

5 Potenzial der Gestensteuerung im Planungskontext

Planungssysteme, wie sie heute in der Industrie zum Einsatz kommen, sind häufig sehr komplex und nur mit viel Erfahrung bedienbar. Insbesondere im Bereich der virtuellen Absicherung ist es nur selten möglich, das Know-How der Mitarbeiter der direkten Bereiche in frühe Planungsphasen des PEP zu integrieren. Die Gestensteuerung sollte hierbei unterstützen, nach einer nur kurzen Einarbeitungszeit mit komplexen Daten in einer virtuellen Welt arbeiten zu können und so die Kommunikation zwischen Planern und Mitarbeitern des Shopfloor zu unterstützen. Dabei sollten bewusst Technologien der Consumertechnik eingesetzt werden, da diese eine erprobte Bedienung mit sich bringen und somit die Anlernphase verkürzt werden kann. In diesem Kontext war es nicht zwingend notwendig, millimetergenau arbeiten zu können. Hierfür sollte zunächst ausgewählt werden, welches Eingabemedium für die angestrebte Anwendung am geeignetsten erscheint. Es sollte festgelegt werden, welche Gruppe der Eingabegeräte zunächst für die Nutzer am attraktivsten und intuitivsten erscheint und folglich dadurch die Hemmschwelle, mit komplexen Planungssystemen zu arbeiten, sinken lässt. Insgesamt wurde 11 Testpersonen, die Erfahrungen im Bereich der Consumerelektronik haben, eine unkomplizierte Szene (vgl. Anhang B) mit drei verschiedenen Eingabegeräten der Bereiche „Maus", „Controller" sowie „Gesten" (vgl. Abb. 23) zur Verfügung gestellt – eine 3D-Maus, der Stylus des zSpace, sowie eine optische Gestenbedienung. Die Aufgabe bestand darin, 2 unterschiedliche Würfel auf einem Tisch in ein bestimmtes Muster zu verschieben. Es waren somit die Befehle *greifen* und *navigieren* notwendig. Der Aufbau der Szene ist in der folgenden Abbildung zu erkennen:

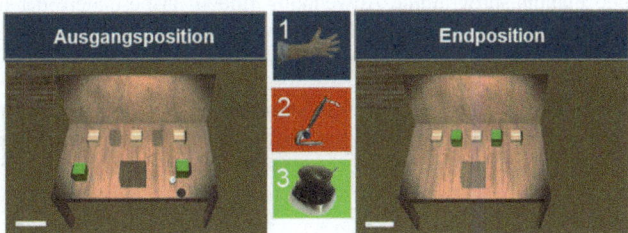

Abb. 37: Ausgangs- und Endposition der Studie "Attraktivitätsabgleich Maus, Stift und Geste"

Die Testpersonen sollten jeweils mit den drei unterschiedlichen Bedienelementen die beiden vorderen Würfel in die Zwischenräume der hinteren Reihe einordnen. Nach jedem Durchgang mit einem der drei Bedienelemente wurde sowohl der SUS als auch der UEQ-Fragebogen (vgl. Kapitel 8.4.3) von den Probanden ausgefüllt. Die Ergebnisse des UEQ für alle drei Bedieninstrumente sind in der folgenden Abbildung zu sehen:

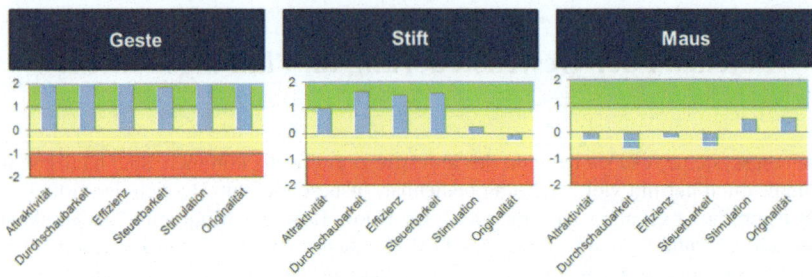

Abb. 38: Ergebnisse aus UEQ zur Zufriedenheit der Eingabemedien Maus, Stift und Geste

Dabei entsprechen die Werte zwischen -0.8 und 0.8 einer neutralen Beurteilung der unterschiedlichen Attribute „Attraktivität", „Durchschaubarkeit", „Effizienz", „Steuerbarkeit", „Stimulation" und „Originalität". Werte > 0,8 entsprechen einer positiven und Werte < -0,8 einer negativen Beurteilung. Die Abbildung zeigt die drei Varianten in absteigender Rangfolge von links nach rechts. Die Gestensteuerung hat dabei über alle Attribute hinweg eine sehr positive Beurteilung erhalten. Dies kann sicherlich auch daran liegen, dass es sich bei den Testpersonen um Personen handelte, die eine hohe Affinität gegenüber neuen Technologien besitzen. Dennoch ist eine sehr klare und deutliche Differenz zur 3D-Maus erkennbar. Die Teilnehmer nannten auch während der Durchführung die äußerst komplexe Bedienung und längere Einarbeitungszeit bei der Nutzung der 3D-Maus als Nachteile. Bei der Gestensteuerung hingegen wurde der Spaß an der freien Bewegung und natürlichen Bedienmöglichkeit von den Testpersonen in den Vordergrund gestellt.

Aufgrund der hier gezeigten Ergebnisse sollte die Gestensteuerung als Bedienelement für zukünftige Planungsprogramme Anwendung finden. Insbesondere der hohe Grad an Attraktivität, Originalität aber auch der Effizienz sprechen hiernach für den Einsatz einer solchen Bedienung im Rahmen virtueller Absicherungen.

Jedoch ist bei der Akzeptanz einer Gestensteuerung auch die international unterschiedliche Bedeutung von Gesten sowie der vorgesehene Gebärdenraum zu berücksichtigen. Einerseits muss die primäre Bedeutung einer Geste auf mögliche kulturelle Missverständnisse untersucht werden, andererseits unterscheidet sich individuell der präferierte Aktionsradius.

Der Einsatz sollte dabei direkt im Bereich der virtuellen Absicherung stattfinden, genauer im Rahmen einer Schraubfalluntersuchung. Dabei werden virtuell Erreichbarkeit, Kollisionen und Ergonomie der Verschraubung betrachtet. Häufig stimmen Realität und virtuelle Welt jedoch noch nicht so weit überein, als dass die Absicherung als valide gelten könnte. Fehler werden unter Umständen erst im Anlauf an der Linie bemerkt. Da die Schraubfalluntersuchung regelmäßig einer der Hauptpunkte im Rahmen virtueller Absicherungen ist und zudem durch die hohe manuelle Arbeit sehr gut

5 Potenzial der Gestensteuerung im Planungskontext

als Anwendungsfall für eine Bedienung mit Gesten gilt, sollte die Gestensteuerung erstmalig für eine Schraubfalluntersuchung im Rahmen einer virtuellen Absicherung zum Einsatz kommen, worauf in Kapitel 8.1.1 genauer eingegangen werden wird.

6 Gesten für planerische Tätigkeiten

Welche Art der Interaktion für die Tätigkeiten der Planung angebracht und sinnvoll sind, wurde besonders mit dem Hintergrund einer Gestensteuerung in der Vergangenheit nicht betrachtet. Um jedoch geeignete Gesten für diese Art von Tätigkeiten zu identifizieren, wurde zunächst untersucht, welche Befehle im Rahmen einer virtuellen Absicherung einer regelmäßigen Nutzung unterliegen. Hieraus entstand am Ende ein Gestenset, welches für die weitere Entwicklung verschiedener Prototypen im Bereich der Planung herangezogen werden sollte.

6.1 Befehle bei der virtuellen Absicherung

Die virtuelle Absicherung, wie sie bereits in Kapitel 4.3.3 erläutert wurde, findet bereits in einer frühen Phase der Planung statt und ermöglicht es so bereits lange vor einem Produktionsstart Tätigkeiten oder Verbaureihenfolgen festzulegen. Zu diesem Zweck existieren Planungssysteme mit einer Vielzahl an Funktionalitäten, die im Rahmen einer solchen Absicherung genutzt werden können. Jedoch zeigt sich immer wieder, dass Planer nur einen Bruchteil dieser Befehle benötigen. Um ein geeignetes Gestenset entwickeln zu können war es notwendig, die Funktionen, die einem regelmäßigen Gebrauch einer solchen virtuellen Absicherung unterliegen, zu erfassen und zu dokumentieren. Dies geschah im Rahmen eines Workshops mit zehn Planern, die virtuelle Untersuchungen verantworten und unterstützen. Dabei wurden insgesamt acht verschiedene Befehle identifiziert:

- Navigation starten und stoppen
- Objekt greifen und loslassen
- Menü öffnen und schließen
- Menüpunkt selektieren und deselektieren

Zur Durchführung virtueller Einbauuntersuchungen ist es zunächst notwendig, zum gewünschten Verbauort zu navigieren. Insofern wurden hierfür die Befehle *Navigation starten* und *Navigation stoppen* festgelegt. Weiterhin müssen verschiedene Objekte im Raum bewegt werden können, weshalb hierfür das Befehlspaar *Objekt greifen* und *Objekt loslassen* als weitere Bedienmöglichkeit ausgemacht wurde. Um weitere Funktionen aufrufen zu können, sollte noch die Funktion *Menü öffnen* sowie *Menü schließen* hinzugefügt werden, was automatisch implizierte, dass eine Auswahl getroffen werden sollte, also *selektieren* und *deselektieren*. Eine allgemeine *Cancel-Funktion* würde die Anzahl von acht auf neun Gesten erhöhen.

Diese Gesten reichen aus, um in virtuellen Produkt-Prozess-Gesprächen die bereits vorbereiteten virtuellen Szenen gemeinsam durchzusprechen und so gemeinsam eine Aussage treffen zu können, ob die vorliegende Verbaureihenfolge umsetzbar ist oder angepasst werden muss. Durch den Einsatz einer Gestensteuerung soll es darüber hinaus möglich werden, interaktiv an solchen Systemen zu arbeiten und den bisherigen Masterarbeitsplatz in einen Gruppenarbeitsplatz und „Ort des Austausches" zu wandeln. Im nächsten Abschnitt folgt die Erarbeitung der Gesten für die hier definierten Befehle.

6.2 Definition geeigneter Gesten für die virtuelle Absicherung

Im Rahmen eines Workshops sollte ermittelt werden, welche Gesten von Planern als intuitiv angesehen werden, um diese für eine zukünftige virtuelle Absicherung in Betracht ziehen zu können. Dabei sollte zunächst der Fokus, unabhängig von einer technischen Realisierbarkeit, auf eine intuitive Durchführbarkeit gelegt werden. Ziel war es zu beschreiben, welche Geste für einen beliebigen Use Case innerhalb einer virtuellen Absicherung als sinnvoll erachtet wird.

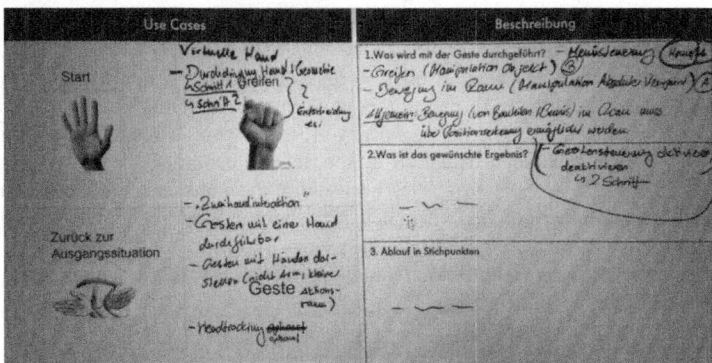

Abb. 39: Ergebnisse des Workshops „Zuordnung geeigneter Gesten zu den Befehlen der virtuellen Absicherung"

Abb. 39 zeigt die Vorgehensweise und ein beispielhaftes Ergebnis des durchgeführten Workshops. Dafür wurden, für die im Rahmen der virtuellen Absicherung am häufigsten benötigten Funktionen, Gesten ausgewählt und die Erwartungen des Nutzers, die dieser an die Ausführung der Geste stellt, aufgezeigt. Daraus entstand beispielsweise der Bedarf eines visuellen Feedbacks in Form einer virtuellen Hand zur Verfolgung der eigenen Bewegungen. Weiterhin wurden verschiedene Entwicklungsstufen gebildet. Dabei sollte in einem ersten Schritt die Bewegung von virtuellen Bauteilen über eine Positionserkennung ermöglicht werden. In einem zweiten Schritt sollte es dem Nutzer möglich sein, die Gestensteuerung bewusst aktivieren und deaktivieren zu können um dann in einer nächsten Weiterentwicklung eine Menüsteuerung vornehmen

6.2 Definition geeigneter Gesten für die virtuelle Absicherung

und somit komplexe Aufgaben bewältigen zu können. Aus den Anforderungen und Erwartungen, der zehn am Workshop teilnehmenden Planer, konnte ein Gestenrepertoire abgeleitet werden, welches sich zur Steuerung mittels Gesten besonders eignen sollte. Da verschiedene Funktionalitäten von den Teilnehmern teilweise mit identischen Gesten belegt wurden, war eine erneute Betrachtung notwendig um eine eindeutige Zuordnung zu erhalten. Die folgende Abbildung gibt einen Überblick über die getroffene Auswahl:

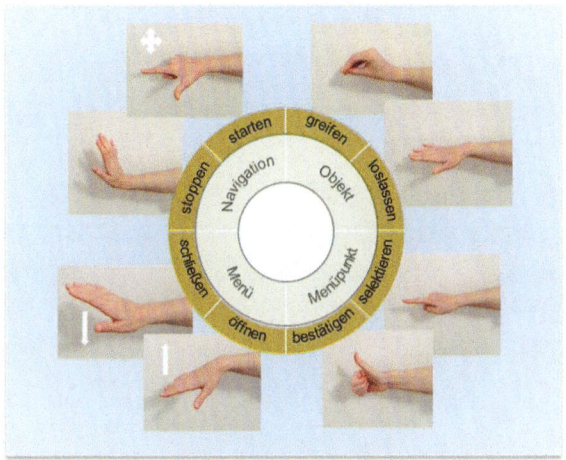

Abb. 40: Intuitive Gesten für planerische Tätigkeiten

Dabei sind die bereits genannten Funktionen als Ringmenü dargestellt – also die acht Befehle, die jeweils aus einer Aktion und dem entsprechenden Gegenpart bestehen (vgl. Kapitel 6.1).

Die Gesten, die aus dem Workshop resultierten, sind dabei folgende: für das *Greifen* eines Objektes führt der Nutzer seine Finger mit dem Daumen zusammen, das *Loslassen* wird mit einer geöffneten Hand mit gespreizten Fingern impliziert. Die *Navigation* im virtuellen Raum erfolgt über den gespreizten Zeigefinger und Daumen, während das *Anhalten* des Fluges mit einer angewinkelten Hand geschieht. Das *Öffnen* des Menüs erfordert eine dynamische Geste mit einer Wischbewegung von unten nach oben, das *Schließen* erfolgt über dieselbe Bewegung in entgegengesetzter Richtung – also von oben nach unten. Diese Geste ist beispielsweise sehr nah an die bereits bekannte Multi-Touch-Funktion angelehnt, bei der das Menü ebenfalls von unten nach oben aufgezogen werden kann. Die Auswahl bestimmter Schaltflächen innerhalb des Menüs erfolgt mit dem ausgestreckten Zeigefinger, mit dem auf den gewünschten Befehl gezeigt werden soll und anschließend diese Auswahl mit dem „Daumen nach oben" bestätigt wird. Dieses Gestenset sollte lediglich einen ersten Eindruck von gewünschten und akzeptierten Gesten seitens der Planer aufzeigen. Aufgrund der Tatsache, dass diese sehr gut mit virtuellen Welten interagieren können und somit eine vertraute Art und Weise haben, um solche Tätigkeiten auszuführen war es hilfreich zu erfahren, inwiefern Planer bestimmte Befehle in Gesten übersetzen.

7 Forschungsergebnisse zur Gestensprache

„Die der Rede zu- und beigeordneten Gesten von Arm, Hand und Fingern (gestus) und mimischen Gebärden (vultus) dienen seit der Antike vor allem dazu, die Glaubwürdigkeit des Gesagten wie der Person zu unterstreichen. Als redebegleitende, außersprachliche Kommunikation paraphrasiert, akzentuiert, kommentiert und visualisiert das Spiel der Gesten und Gebärden das gesprochene Wort." (Diers 1994, S.37)

Dieses Zitat von Diers zeigt die Bedeutung und Historie der Gestensprache. Gesten sind für uns seit jeher intuitiv und werden alltäglich im Kontext des gesprochenen Wortes eingesetzt. Aber auch für die Gestensprache gibt es unterschiedliche Zeichen und Bedeutungen. Dies fällt zum einen bei der Gegenüberstellung von unterschiedlichen Regionen auf, bei denen Zeichen zur Verständigung genutzt werden. So bedeutet ein ausgestreckter „Daumen nach oben" in vielen Ländern etwas positives, wie z.b. „alles ok" oder „gut gemacht". In Russland oder im Iran verbirgt sich hinter dieser Geste jedoch eine schwere Beleidigung. Die gleiche Geste bedeutet wiederum in Australien und Nigeria „Verschwinde!" und in der Türkei oder in Griechenland wird sie als Aufforderung zum Geschlechtsverkehr gedeutet (Hanisch 2013, S.130). Dabei ist nicht allein ein Land oder die jeweilige Kultur von Bedeutung, sondern auch gesellschaftliche Unterschiede wie Alter oder Milieu müssen hierbei Berücksichtigung finden (Dorau 2011, S.39).

Schon von klein an nutzt der Menschen die Zeichen- und Gebärdensprache. So gilt der Fingerzeig, also das Zeigen von Personen und Gegenständen mithilfe des Zeigefingers, als notwendiger und komplexer Entwicklungsschritt eines Menschen auf dem Weg zur sozialen Kommunikation (Liszkowski et al. 2004, S.297ff.). Zeichen und Gesten können allerdings nicht nur für einfache, sondern auch zum Zwecke komplexer Kommunikation genutzt werden. Als Beispiel für eine solche dient die lautlose, taktische Verständigung innerhalb von Spezialeinheiten oder Armeen im Kampfeinsatz (Stockfisch 2006, S.270ff. und Hagen 2014, S.188). Da die Verwendung und Bedeutung dieser Gesten und Zeichen aus Sicherheitsgründen zum Teil allerdings nicht offiziell kommuniziert wird, eignen sich diese nicht als Grundlage für diese Arbeit. Um im Laufe der Arbeit eine Verschmelzung aus bisherigen Forschungsergebnissen zu Gesten und bereits genutzten Sprachen wie der Gebärdensprache vornehmen zu können, sollen diese im folgenden Kapitel zunächst erläutert werden. Ein Einblick in Zeichensprachen aus dem Sportbereich wie dem Tauchen und Fallschirmspringen, soll das bereits aktiv genutzte Gestenrepertoire erweitern. Diese Grundlagen sollen helfen, um eine für den planerischen Kontext geeignete Gestensprache zu entwickeln, die möglichst intuitiv genutzt werden kann und genau die für diese Anwendung spezifischen Befehle umfasst. Abschließend wird eine internationale Studie zur Absicherung der ermittelten Gesten durchgeführt und gibt Aufschluss über die verschiedenen Bedeutungen des planerischen Gestensets in verschiedenen Ländern.

7.1 Gesten im Forschungskontext

Die aktuelle Entwicklung am Consumermarkt zeigt, dass der Wunsch nach einer intuitiven Gestensteuerung beim Nutzer immer größer wird – doch was genau bedeutet in diesem Zusammenhang der Ausdruck Geste? Berührungslose Interaktion kann vielfältigen Einflüssen unterliegen, wie z.b. visuellen, auditiven oder auch olfaktorischen Modalitäten (Barré et al. 2009, S.161). Laut der im Oxford Dictionary[20] zu findenden Definition handelt es sich bei einer Geste sinngemäß um eine Körperbewegung, insbesondere der Hand oder des Kopfes, mit deren Hilfe eine Idee oder Bedeutung ausgedrückt werden soll. *Cadoz* ordnet einer Geste drei verschiedene Eigenschaften zu. Gesten können seiner Meinung nach eine semiotische, eine ergotische und eine epistemische Bedeutung besitzen (Cadoz 1994, S.31ff.). Dabei dient die semiotische Seite dazu, eine bestimmte Bedeutung mittels der verwendeten Geste zu übermitteln. Der ergotische Aspekt bietet die Möglichkeit mit der physischen Welt in Interaktion zu treten, während die epistemische dazu genutzt wird, Wissen und Erfahrungen durch ein Abtasten der realen Umgebung zu erlangen (Barré et al. 2009, S.162). Nach *Kendon* ist eine Geste als eine Bewegung des Körpers oder von Körperteilen zu verstehen, deren Intention es ist, etwas Bestimmtes auszudrücken (Kendon 2004, S.15). *McNeill* versteht unter Gesten eine Vielzahl an Bewegungen, vornehmlich durch die Hände und Arme, die der Kommunikation dienen (McNeill 1992, S.2). McNeill baut auf den Erkenntnissen Kendons auf und geht im Gegensatz zu früheren Ansichten davon aus, dass es sich bei Gesten nicht um einen von der Sprache entkoppelten Kommunikationskanal handelt, sondern um einen Teil der Sprache (McNeill 1992, S.2). Das sogenannte „Kendon's continuum" ist ein mehrstufiges Modell, welches die unterschiedlichen Hierarchiestufen von Sprache verdeutlicht (Studdert-Kennedy 1993, S.149). An einem Ende des Spektrums, welches durch das Kontinuum abgedeckt wird, befindet sich die Gestik als solche. Diese beinhaltet nicht festgelegte, spontane und personenspezifische Gesten. Die nächste Kategorie wird durch Gesten gebildet, welche der natürlichen Sprache ähnlich sind (McNeill 1992, S.37). Diese sind mit den, durch die Sprache ausgedrückten, Informationen verbunden und in diese eingebettet. So könnte ein Wort, welches beispielsweise am Ende eines Satzes steht, durch eine Geste ersetzt werden (z.B. „abwägende" Geste oder Schulterzucken) (Studdert-Kennedy 1993, S. 149). Die darauffolgende Kategorie ist die der pantomimischen Gesten. Diese können zum Ausdruck von Zusammenhängen genutzt werden. Dabei sind sie nicht von Lauten abhängig, da sie ohne solche auskommen und für sich allein verständlich sind. Pantomimische Gesten ähneln von daher der Zeichensprache, da mehrere Gesten zu Sequenzen zusammengefasst werden können, was innerhalb der normalen Gestik nicht möglich ist, da hier eine Geste nur allein für einen Ausdruck aber keine Zusammen-

---

[20] "A movement of part of the body, especially a hand or the head, to express an idea or meaning." (**Oxford Dictionary of English (2010)**. Oxford: Oxford University Press).

7.1 Gesten im Forschungskontext 67

hänge steht (Studdert-Kennedy 1993, S.149). In Richtung des der Gestik entgegengesetzten Pols, schließt die Gruppe der Symbole an. Diese zeichnen sich, im Gegensatz zur Gestik und den pantomimischen Gesten, durch eine festgelegte Ausführung aus. Ähnlich der Syntax einer Sprache ist die Bildung und Deutung eines Symbols festgelegt. Ein Beispiel hierfür ist das „Victory"-Zeichen, welches aus einem „V" besteht, dass aus dem Zeige- und Mittelfinger einer Hand gebildet wird. Der Abschluss des Kontinuums wird durch Zeichensprachen, wie zum Beispiel die Deutsche oder Amerikanische Zeichensprache, gebildet (McNeill 1992, S.37).

Im Verlauf dieser Arbeit sollen unter dem Begriff Geste angelehnt an Barré et al. Form- und Positionsänderungen der Hand verstanden werden.

7.1.1 Gestenlexikon nach Fikkert

Fikkert hat in *Gesture Interaction at a Distance* vier verschiedene Experimente durchgeführt um die natürlichen und intuitiven Gesten verschiedener Probanden zu bestimmen (Fikkert 2010, S.49). Das erste Experiment war darauf ausgelegt, festzustellen, welche Gesten intuitiv von den Testteilnehmern genutzt werden. Dabei stand der Nutzer vor einer großen Leinwand auf die eine Landkarte abgebildet war. Die Karte wurde im Vollbildmodus dargestellt während auf das Angebot von weiteren Interaktionsmöglichkeiten verzichtet wurde. Die Testpersonen wurden aufgefordert, drei verschiedene Aufgaben zu bearbeiten. Diese bezogen sich auf das Suchen eines bestimmten Punktes oder Ortes auf der Karte um im Anschluss diesen durch Zoomen zu vergrößern. Die Testpersonen sollten einen vorgegebenen Befehl mittels Gesten umsetzen, erhielten zu den zu nutzenden Gesten aber keinerlei Anweisungen. Damit der Proband das entsprechende Feedback erhielt und somit ungehemmt möglichst natürlich mit dem System arbeiten konnte, hat Fikkert ein Wizard of Oz-Layout verwendet. Dabei befindet sich ein Beobachter hinter dem Probanden. Dieser führt entsprechend der Geste des Anwenders den ursprünglichen Befehl mittels Maus und Tastatur aus. Die Testpersonen waren dazu aufgefordert zu Beginn des Versuchs in einem sogenannten „Think Aloud" ihre Gedanken mitzuteilen. Der anwesende Beobachter, der sonst nicht auf Gesagtes reagieren sollte, hatte hierbei die Möglichkeit, die verwendeten Gesten und ihre Intention zu verstehen um im weiteren Verlauf die Eingaben korrekt tätigen zu können.

Das Experiment wurde mit neun Probanden durchgeführt, die vorher zu ihrer Technikaffinität befragt wurden. Dabei stellte sich heraus, dass alle Teilnehmer bereits nennenswerte Erfahrungen mit Computern, dem Internet sowie Kartenanwendungen gesammelt hatten. Nur wenig Erfahrung hatten die Probanden mit Computerspielen und CAD/CAM Anwendungen. Diese Informationen sind zur Deutung der Ergebnisse wichtig, da eine geringere Affinität zu 3D-Modellen auch eine andere Art der Navigation erwarten lässt, da bisher kaum Erfahrungen zur Interaktion vorliegen. Im Verlauf der Experimente wurden verschiedene Daten aufgezeichnet. Dazu gehören die Zeit, die benötigt wurde, um die Aufgabe erfolgreich zu beenden, sowie die Häufigkeit von Navigations-, also Pan-Gesten, sowie Zoomgesten.

Es wurden vierzehn verschiedene eigenständige Pan- und dreizehn Zoomgesten beobachtet. Durch einen Abgleich mit den, in der Think Aloud-Phase genannten, Motiven für bestimmte Gesten, wurden die verwendeten Gesten zusammengefasst. Dadurch haben sich letzten Endes drei Pan- und sechs Zoomgesten herauskristallisiert. Beispielsweise wird eine der Pangesten gebildet, indem der Nutzer mit einem ausgestreckten und von sich wegzeigenden, zur Leinwand gerichteten Zeigefinger auf das jeweilige Ziel auf der Leinwand zeigt. Eine Entspannung der Hand führt zur Beendigung der Eingabe. Eine weitere Geste beginnt mit einer entspannten Hand, welche ausgestreckt und bewegt wird um innerhalb der Karte zu navigieren. Durch abermaliges Entspannen der Hand wird die Eingabephase beendet.

Bei den Zoomgesten zeigt sich ein ähnliches Bild- sie unterscheiden sich hauptsächlich in der Handform. Vier Probanden nutzten einhändige und fünf Probanden zweihändige Gesten. Dem gewählten Muster blieben alle Anwender treu, das heißt es fand kein Wechsel bei der Anzahl der genutzten Hände statt. Bei beiden Gesten wurden die Hände zueinander bewegt um in die Karte hineinzuzoomen und voneinander weg bewegt um aus dem Kartenausschnitt hinauszuzoomen. Dabei wurden von manchen Probanden beide Hände mit ausgestrecktem Zeigefinger und bei den anderen komplett ausgestreckte Hände verwendet. Bei allen verwendeten Gesten fiel auf, dass die Probanden intuitiv deutliche Abgrenzungen bei Start und Ende der Geste machten, die beispielsweise durch die An- und Entspannung der Hand gekennzeichnet waren. Da die grundlegenden Eigenschaften der genutzten Gesten bei der Mehrzahl der Anwender eine hohe Ähnlichkeit besaßen, kann darauf geschlossen werden, dass es möglich ist, eine Steuerung mit natürlichen Gesten zu entwerfen.

Zur weiteren Untersuchung wurde von Fikkert ein umfassender Onlinefragbogen entworfen, der die Intuitivität verschiedener Gesten erfassen sollte. Dazu wurden Videos der jeweiligen Gesten gezeigt, welche von den Studienteilnehmern im Hinblick auf ihre Intuitivität, den Willen zur Nutzung und den physischen Aufwand bewertet werden sollten. Die Videos zeigten die Hände des Anwenders, sowie die Reaktion des Systems auf der Leinwand. Somit war es den Studienteilnehmern möglich, die verwendete Geste und die dadurch ausgelöste Benutzereingabe zu sehen und nachzuvollziehen. Neunundneunzig Personen aus fünf Ländern haben sich an der Onlinebefragung beteiligt und haben die ihnen gezeigten Gesten bewertet. Im Vergleich zum ersten Wizard of Oz-Experiment, indem lediglich eine Pan- und eine Zoomfunktion vorhanden waren, wurden für diese Untersuchung neue Funktionen eingeführt. Dabei handelt es sich um die Befehle *Zeigen, Anwählen, Abwählen, Größenänderung, Aktivieren/Deaktivieren* und *Öffnen/Schließen* eines Menüs. Zu diesen Befehlen wurden verschiedene mögliche Gesten präsentiert, welche nach den genannten Kriterien (Intuitivität, Willen zur Nutzung und physischer Aufwand) zu bewerten waren. Die von den Probanden abgegebene Bewertung in Hinblick auf die Intuitivität der Gesten ist in der folgenden Tabelle dargestellt:

7.1 Gesten im Forschungskontext

Tab. 3: Untersuchte Gesten zu verschiedenen Befehlen nach Fikkert (Fikkert 2010, S.60ff.)

Befehl \ Geste	Zeigen	Auswählen	Abwählen	Größen- änderung	Aktivieren/ Deaktivieren	Öffnen/Schließ en eines Menüs
Strahlverfolgung	X					
Wiederholte Klicks						
Einmaliger Klick						
Tippen mit Zeigefinger					X	
Ausgetreckter Zeigefinger und Daumen						
Auf einem Objekt verweilen		X				
Umkreisen		X				
Faust		X				
Hand öffnen			X			
Zurückziehen						
ruckartiges Zurückziehen						
Andere Auswahl			X			
„pinch"				X		
Hände auseinanderführen				X		
Ziehen und Schieben						
Referenziertes Ziehen und Schieben						
Ruckartiges Ziehen und Schieben						
Gerichtete Handfläche						
„start" und „stopp"-Zeichen zeichnen						
(De)aktivierungszone						
Klatschen						X
Kleinen Finger und Daumen zusammenführen						X

Legende:

▮ Probanden wurde Geste als Video für entsprechenden Befehl vorgestellt

X Von den Probanden gewählte Geste mit höchster Intuitivität der gezeigten Gesten

Es ist jeweils die Geste hinterlegt, die dem Probanden zu dem entsprechenden Befehl als Video vorgestellt wurde. Dabei wurde die Reihenfolge der gezeigten Videos getauscht. Die Kreuze stellen die, laut den Probanden, höchste Intuitivität aus den gezeigten Gesten für den jeweiligen Befehl dar. Demnach wurde von den Probanden für das Zeigen auf ein bestimmtes Objekt die Geste der Strahlverfolgung als höchstmöglich intuitiv empfunden. Dabei wird ein virtueller Strahl erdacht, der aus der Handfläche des Nutzers auf das gewählte Objekt zeigt. So bekommt der Anwender auch ein sehr einfaches Feedback zu der gewählten Funktion. Für die Auswahl eines Objektes haben drei Gesten eine gleichhohe Bewertung der Intuitivität erhalten. Sowohl die Geste, bei der der Anwender mit dem Mauszeiger für eine gewisse Zeit auf dem gewählten Objekt verweilt, als auch das Umkreisen des Objektes mit dem Finger führt zu einer hohen Intuitivität bei der Auswahl bestimmter Objekte. Weiterhin wurde noch die Geste gewählt, bei der der Anwender eine Faust macht und somit virtuell nach dem Objekt greift. Für das Abwählen eines Objektes wurde sowohl die flache, geöffnete Hand gewählt, die somit eine neutrale Haltung einnimmt und weiterhin die Wahlmöglichkeit *andere Auswahl*, was impliziert, dass der Nutzer einfach ein anderes Objekt anwählt und damit automatisch das vorherige als logische Konsequenz abwählt. Bei der Größenänderung sind die Nutzer wohl stark von der Multitouchwelt geprägt gewesen, da die Anwender entweder eine pinch-Geste mit zwei Fingern wählten, oder die Zoom-Funktion mithilfe von zwei Händen durchführten. Für die Funktion der Aktivierung oder Deaktivierung wählten die Testpersonen das einfache Tippen mit dem Zeigefinger als intuitive Variante. Beim Öffnen und Schließen des Menüs ist zwischen den beiden Varianten des Klatschens der Hände und dem Zusammenführen von kleinem Finger und Daumen kein Unterschied bei der Intuitivität der Bedienung zu bemerken.

In einem weiteren Experiment, welches der Validierung der zuvor gezeigten Ergebnisse diente, wurde ein Teil der Probanden aus der Onlinebefragung ein weiteres Mal sowie eine Gruppe neuer Testpersonen, um eine mögliche Verzerrung des ersten Experimentes auszuschließen, befragt. Dieses Mal erhielten die Testpersonen eine Art Handschuh, der die Gesten erkannte und somit eine direkte Gestennavigation ermöglichte und somit kein Wizard of Oz-Experiment vorlag.

Im Anschluss an diese Absicherungsphase wurde eine weitere Nutzerstudie durchgeführt. Dabei wurden verschiedene komplexe Strukturen (in diesem Fall Molekülstrukturen) auf einem Display gezeigt. Durch die Verwendung verschiedener Befehle, wie zum Beispiel Navigieren im Raum, An-/Abwählen, Rotieren und Größe ändern, sollte ein in Größe und Orientierung veränderter Bildausschnitt in der ursprünglichen Struktur gefunden werden. Die Struktur sollte so manipuliert werden, dass Struktur und Screenshot sich in Lage, Orientierung und Größe gleichen. Die Steuerung wurde auch in diesem Fall über eine Art Handschuh realisiert. Der Versuch zeigte, dass die Nutzung einer solchen Gestensteuerung zu sehr guten Ergebnissen führen kann. Sie wurde zudem von den Probanden als genau, schnell und komfortabel bewertet. Obwohl die meisten Anwender während des Versuchs, der ca. fünfundvierzig Minuten dauerte, ihren Arm angespannt hielten, traten keinerlei Ermüdungserscheinungen auf.

7.1.2 Gestenlexikon nach Pereira

Die Studie „*A User-Developed 3-D Hand Gesture Set for Human-Computer-Interaction*" von Pereira et al. (Pereira et al. 2015, S.607-621) hat sich ebenfalls mit der Erstellung eines 3D-Gestenlexikons befasst. Dabei wurden 30 Testpersonen zu 34 verschiedenen, aber gängigen Computeraufgaben gebeten, eine für sie einfache und intuitive Geste zu nutzen, um den entsprechenden Befehl durchzuführen. Die genannten Aufgaben sind in der folgenden Tabelle aufgelistet:

Tab. 4: Aufgabenset der Studie "A User-Developed 3-D Hand Gesture Set for Human-Computer-Interaction"

Aufgabe			
1. Bewegen	10. Zoom out	19. Ausschneiden	28. Lauter
2. Einfache Auswahl	11. Gruppenauswahl	20. Akzeptieren	29. Leiser
3. Rotieren	12. Öffnen	21. Ablehnen	30. Stumm
4. Verkleinern	13. Duplizieren	22. Menü auf	31. Speichern
5. Löschen	14. Zurück	23. Hilfe	32. Neu
6. Vergrößern	15. Weiter	24. Aufgabe wechseln	33. Suchen
7. Pan	16. Einsetzen	25. Rückgängig	34. Mauszeiger bewegen
8. Schließen	17. Einfügen	26. Geste an	
9. Zoom in	18. Minimieren	27. Geste aus	

Sämtliche Versuche wurden mit Hilfe von vier Kameras aufgezeichnet. Anschließend wurden die ermittelten Gesten von den Probanden in die Kategorien „Präferenz", „Übereinstimmung", „Einfachheit" und „Aufwand" eingeteilt. Dabei entstanden mehr als 1300 Gesten, welche anhand der Videoaufzeichnungen analysiert wurden. Es wurden jeweils die Beliebtheit, Reihenfolge und Bedenkzeit ermittelt. Aus den 1300 Gesten wurden insgesamt 84 identifiziert, welche von mindesten drei Testpersonen verwendet wurden. Die Gesten wurden daraufhin auf ihre Ergonomie hin untersucht. Insgesamt wurden mit den 84 Gesten und 34 Aufgabenstellungen 160 verschiedene Kombinationen ermöglicht, da verschiedene Gesten mehrmals, aber mit unterschiedlicher Intention, genutzt wurden. Dabei konnte ein schwacher Zusammenhang zwischen der Bedenkzeit und der Übereinstimmung ermittelt werden. Je mehr Testteilnehmer sich auf eine Geste verständigen konnten, desto geringer war im Allgemeinen die benötigte Bedenkzeit. Eine Übersicht über die verbliebenen 13 Gesten, welche im weiteren Verlauf der Studie betrachtet werden, ist in der folgenden Abbildung zu sehen:

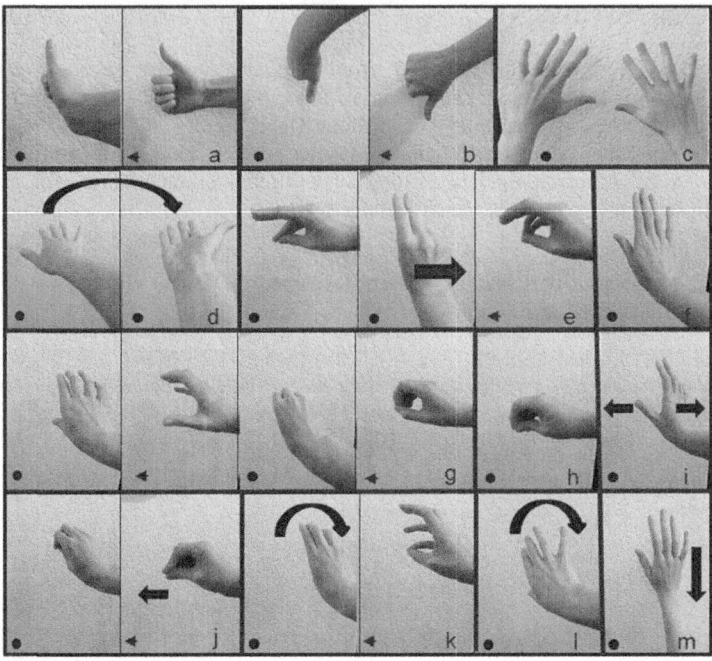

Abb. 41: Die 13 empfohlenen Gesten (nach Pereira et al. 2015, S.614)

Verschiedene Gesten wurden mehreren Aufgaben zugeordnet und sind aus diesem Grund kontextabhängig. Dazu gehört beispielsweise der *Daumen nach oben* (Bild a), der verwendet wurde, um einerseits den Befehl *Akzeptieren* und andererseits *Speichern* auszuführen. Auch die Befehle *Einfügen* und *Duplizieren* wurden mit derselben Geste belegt nämlich einer scherenähnlichen Bewegung der Finger, mit anschließender Drückbewegung (Bild e). Auch, wenn in den 13 identifizierten Gesten (bis auf eine Ausnahme) durchgängig einhändige Gesten vorhanden sind, nutzten zahlreiche Probanden beide Hände für manche Aufgaben. Dies taten sie insbesondere, um einer gleichen rechten Handgeste mehrere Bedeutungen zuweisen zu können, indem sie die Stellung der linken Hand veränderten. Beispielsweise kann mit der linken Hand eine Faust gebildet werden, während mit der rechten Hand eine Zeigegeste ausgeführt wird, was in diesem Fall für *Duplizieren* steht. Analog kann dieselbe Aktion mit der rechten Hand mit einer geöffneten linken Hand für den *Öffnen*-Befehl stehen. Somit dient die linke Hand als Modifikator, welcher die Anzahl möglicher Befehle erhöht. Dennoch ist darauf zu achten, dass durch die Hinzunahme der zweiten Hand keine Verdeckung stattfindet, das heißt, dass diese Hand die andere teilweise oder sogar ganz abschirmt und somit eine Gestenerkennung durch das System erschwert oder unmöglich macht. Dieser Problemstellung wurde in diesem Aufbau versucht entgegenzuwirken, indem vier Kameras aus unterschiedlichen Blickwinkeln zur Gestenerkennung verwendet wurden. Dennoch sollte es aufgrund der in der Praxis häufig anzutreffenden Tatsache,

7.2 Gesten und Zeichen als Kommunikationsmittel

dass lediglich eine Kamera die Gesten aufnimmt und verarbeitet, möglich sein, die Gesten ebenfalls nur aus einem Winkel zu unterscheiden. Eine Gegenüberstellung von verschiedenen 2- und 3D-Gesten zeigte, dass diese häufig dicht beieinander liegen und nur relativ geringe Unterschiede aufweisen. Dies könnte unter anderem daran liegen, dass eine Vielzahl der Nutzer bereits Erfahrungen mit 2D-Technologien (wie z.b. Touchbedienung) gemacht hat und diese auf die Aufgabenstellung übertragen haben. Die erlangten Resultate sind unter der Einschränkung zu betrachten, dass Anwender anderer Länder und Kulturen andere Gesten erdenken und auch andere subjektive Bewertungen treffen könnten. Weiterhin wurde der Versuch ohne tatsächlich funktionierende Gestenerkennung durchgeführt, was dazu geführt hat, dass Gesten in die Betrachtung eingeflossen sind, welche von Systemen nur schwer oder gar nicht erkannt werden können. Somit müsste an dieser Stelle noch eine reale Prüfung des hier ermittelten Gestensets durchgeführt werden.

7.2 Gesten und Zeichen als Kommunikationsmittel

Seit jeher nutzen wir Gesten zur allgemeinen Verständigung in verschiedenen Bereichen des Alltags. Doch für viele Menschen stellen sie die einzige Möglichkeit zur Kommunikation dar. In diesem Kapitel sollen Bereiche untersucht werden, die mit Gesten und Zeichen der Hände arbeiten, um eine eindeutige Verständigung zu gewährleisten – der Gebärdensprache, dem Tauch- sowie dem Fallschirmspringsport. Dabei soll bei der Gebärdensprache jedoch lediglich die Deutsche Gebärdensprache (DGS) näher untersucht werden um einen sinnvollen Rahmen für den in dieser Arbeit untersuchten Kontext zu schaffen. So können am Ende wissenschaftlich betrachtete Gesten, wie sie beispielsweise bei *Fikkert* oder *Pereira* untersucht wurden, mit den Gesten verglichen werden, die bereits seit Jahrzehnten im ständigen Gebrauch sind und sich offensichtlich in ihrer Eindeutigkeit, Natürlichkeit sowie dem hohen Bedienkomfort durchgesetzt haben.

7.2.1 Die Gebärdensprache

Dem Wort Gebärde werden zwei verschiedene Bedeutungen zugeschrieben. Zum einen kann es sich auf die Ausdrucksmöglichkeiten von Händen und dem Gesicht beziehen und zum anderen kann es etwas weiter gefasst die Sprache des gesamten Körpers umfassen. Diese sogenannte Körpersprache setzt sich aus sämtlichen möglichen Stellungen und Bewegungen des Körpers zusammen (Kirch 2006, S.5). Werden der Gebrauch und die Verarbeitung von Gebärdensprache und gesprochener Sprache betrachtet, so unterscheiden sich diese zum Teil deutlich voneinander. Augenscheinlichster Unterschied ist die sogenannte Modalität, also die Art und Weise, die der Übertragung von Informationen und Bedeutungen zugrunde liegt. Gesprochene Sprache wird über den Vokaltrakt gebildet und akustisch wahrgenommen. Gebärdensprache hingegen wird mit Hilfe der Hände und anderer Körperteile, wie zum Beispiel dem Kopf, dem Gesicht oder dem Rumpf gebildet, während die Wahrnehmung über visuelle Kanäle passiert (Perniss, Pfau & Steinbach 2007, S.1). Im Folgenden soll der Aufbau der Gebärdensprache aufgezeigt, sowie einige Beispiele aus der Praxis vorgestellt werden.

Bei der Deutschen Gebärdensprache (DGS) handelt es sich um eine visuell-gestische Sprache. Innerhalb eines sogenannten Gebärdenraums, also dem Bereich innerhalb dem die verschiedenen Gesten ausgeführt werden, können die Elemente der DGS sequentiell und simultan sowohl manuell, also mit den Händen, als auch nicht-manuell ausgeführt werden (Hielscher 2003, S.708). Um die Funktionsweise der DGS zu verstehen, muss sie in ihre einzelnen Bestandteile und definierenden Strukturen zerlegt werden. Die kleinste Einheit innerhalb der Deutschen Gebärdensprache bilden die sogenannten phonologischen Merkmale. Hierdurch ist festgelegt, wie eine Geste aufgebaut ist. Es gibt je nach Ansicht drei bis fünf verschiedene phonologische Klassen, welche in Kombination die Bedeutung einer Gebärde festlegen. Dabei handelt es sich um Handform, Handstellung und den Bereich innerhalb dessen die Bewegung ausgeführt wird, der Ausführungsstelle. Weiterhin werden die Bewegung und das Mundbild zur entsprechenden Geste als eine zweite, nicht verpflichtende Klasse definiert (Klann 2014, S.27).

Abb. 42: Die verschiedenen Klassen der Gebärdensprache (vgl. Klann 2014, S.21)

Dabei gibt es zahlreiche mögliche Ausführungsorte, Handstellungen, Bewegungen und über 30 verschiedene Handformen, aus denen beliebig viele Wörter mittels Gebärden ausgedrückt werden können. Darüber hinaus besteht die Möglichkeit mit Hilfe eines Fingeralphabets[21], Namen oder Begriffe manuell zu buchstabieren, wobei der Buchstabe C beispielsweise durch die in C-Form gewölbte Hand dargestellt wird (Hielscher 2003, S.708). Die Handform beschreibt die Form und Orientierung der einzelnen Finger sowohl untereinander als auch im Verhältnis zur Handfläche bzw. zum Handrücken. Die DGS unterscheidet dabei über etwa 30 Handformen, welche in der folgenden Abbildung aufgelistet sind (Dorau 2011, S.29 und Klann 2014, S.22f.).

---

[21] Eine Übersicht über das gesamte Fingeralphabet ist im Anhang A zu finden.

7.2 Gesten und Zeichen als Kommunikationsmittel

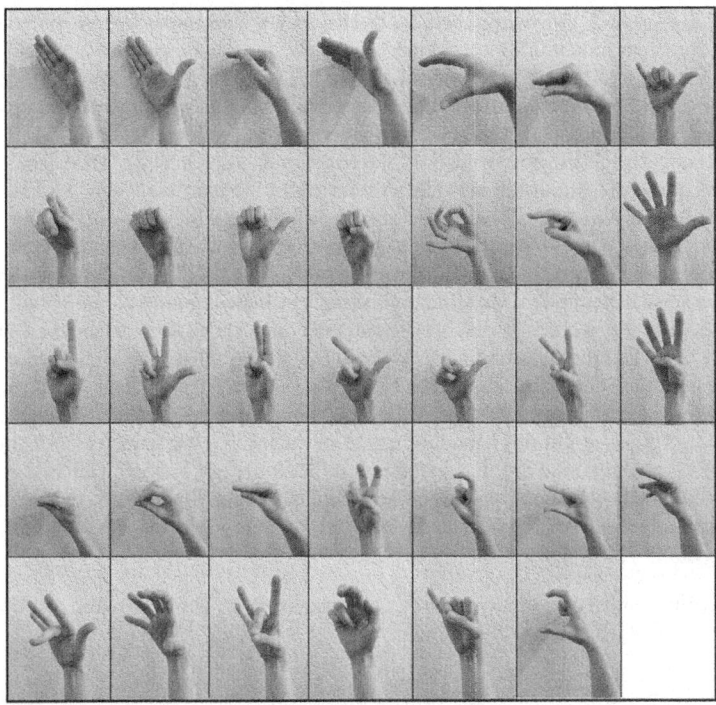

Abb. 43: Die Handformen der DGS (vgl. Klann 2014, S.23)

Die Benennung der verschiedenen Handformen entstanden dabei häufig aus dem Fingeralphabet oder aus den zu beschreibenden Objekten. So stellt die obere rechte Handform die sogenannte „Flügelform" dar, wobei der kleine Finger und der Daumen ausgestreckt sind, während alle anderen Finger angewinkelt werden, wodurch eine flügelähnliche Handform gebildet wird (Klann 2014, S.159). Die Deutsche Gebärdensprache besteht aus fünf Grundhandstellungen, die sich in der Orientierung der Handflächen und -kanten zum Körper unterscheiden. Dabei handelt es sich um die nach oben offene Handfläche, die nach unten geöffnete Handfläche sowie nach innen, vorne oder zum Gesicht zeigende Handfläche. Diese Grundstellungen unterscheiden sich zwischen den einzelnen Gebärdensprachen. Der Bereich der den Gebärdenden umgibt ist der sogenannte Gebärdenraum. Die Ausführungsstelle beschreibt dabei den Ort der Ausführung einer Geste innerhalb dieses Raumes. Hierbei sind alle möglichen Positionen einer Gebärde für jede Sprache festgelegt, wobei der Gebärdenraum an sich für nahezu alle Sprachen identisch ist. Dies ist damit zu begründen, dass das Sichtfeld der gegenüberstehenden Person den Raum begrenzt, wodurch die Gesten primär in Kopfnähe ausgeführt werden. Die Bewegung ist zur Bildung einer Gebärde nicht unbedingt erforderlich. Sie wird durch Form, Richtung und Art charakterisiert (Klann 2014, S.27f.). Dabei kann die Bewegung, also die dynamische Ausführung der Gebärde, beispielsweise auch Auskunft über die beabsichtigte Lautstärke geben, mit der die Person sprechen möchte. So zeigt eine größer als übliche Bewegung auch eine entsprechende höhere Laustärke an (Wrobel 2001, S.31). Das Mundbild beschreibt verschiedene, die Kommunikation unterstützende, Mundbewegungen. Dabei kann zwischen Mundgesten und Ablesewörtern unterschieden werden (Klann 2014, S.28f.). Eine Mundgeste gibt dabei zusätzliche Informationen zur Gebärde. Dies kann unter anderem durch die Mundstellung oder die Form der Lippen geschehen. So kann beispielsweise die Bedeutung „nah" mit Hilfe eines spitzen Mundes mit leicht vorgestreckter Zunge und zusammengekniffenen Augen, in Zusammenhang mit der entsprechenden Gebärde, Ausdruck finden (Wrobel 2001, S.37). Ablesewörter können beispielsweise dabei helfen, Gebärden mit derselben Bedeutung durch ihr Mundbild zu unterscheiden. So werden die Wörter Schwester und Onkel mit derselben Gebärde gebildet und lediglich durch das Mundbild („O" für Onkel und „Schwes" oder „Schwester" für Schwester) kann eine Unterscheidung erfolgen (Klann 2014, S.29f.). Es ist jedoch anzumerken, dass die Rolle des Mundbildes in der aktuellen Forschung strittig ist. Teilweise gilt das Mundbild als „Überbleibsel" einer oralen Erziehung von Gehörlosen, während sie auf der anderen Seite auch als ein Teil der Gebärde mit semantisch-lexikalischer Funktion angesehen werden (Klann 2014, S.28). In der American Sign Language (ASL) findet das Mundbild mittlerweile keine Verwendung mehr (Nussbeck 2007, S.146).

Inwiefern nun mit Hilfe einer Gebärde ein gesamter Satz gebildet wird, soll am folgenden Beispiel genauer gezeigt werden.

Abb. 44: Beispielsatz aus der DGS (vgl. Fritsche & Rüger 2015, o.S.)

Das Beispiel zeigt die Bildung des Satzes „Ich kaufe ein Buch", welcher hier mit Hilfe von Gebärden dargestellt wird. Dieser Satz zeigt gleich eine Besonderheit der Gebärdensprache auf, und zwar, dass sich das Verb stets am Ende eines Satzes befindet. Somit wird aus dem Satz „Ich kaufe ein Buch" in diesem Falle „Ich Buch kaufe" (Fritsche & Rüger 2015, o.S.).

7.2 Gesten und Zeichen als Kommunikationsmittel

7.2.2 Das Taucheralphabet

Da unter Wasser ohne kostspielige Ausrüstung nicht wie gewohnt verbal kommuniziert werden kann, wird im Tauchsport ebenfalls eine Zeichensprache verwendet. Auf diesem Weg kann ein Taucher mit seinem Partner während eines Tauchgangs kommunizieren. Bei den verwendeten Zeichen handelt es sich größtenteils um tauchspezifische Begriffe und Kommandos. Hierbei ist es nicht vorgesehen, eine alltägliche Unterhaltung unter Wasser zu ermöglichen, sondern lediglich eine sichere Durchführung des Tauchgangs sicherzustellen. Aus diesem Grund muss jeder Taucher diese internationale Sprache beherrschen und es muss auf jedes Handzeichen eine Reaktion oder Bestätigung erfolgen. Die internationale Standardisierung der Sprache ist durch ihren Sicherheitsaspekt begründet, da sichergestellt sein muss, dass ein Taucher sich unabhängig vom aktuellen Tauchort verständigen und beispielsweise auf eine Notlage aufmerksam machen kann (Kromp & Mielke 2014, S.240ff.). Die folgende Abbildung zeigt eine Auswahl der gebräuchlichsten Tauchzeichen:

Abb. 45: Tauchzeichen (RSTC 2005, S.4ff.)

Dabei signalisiert beispielsweise eine Abwärtsbewegung des Daumens abzutauchen, und die entsprechende Gegenbewegung, also der Daumen nach oben, gibt den Befehl aufzutauchen. Zusätzlich zur internationalen Standardisierung von Tauchzeichen sind insbesondere die Zeichen, die eine Notlage anzeigen sollen, auch ohne besondere Kenntnisse zu verstehen, da sie durch ihre Bildhaftigkeit leicht verständlich sind. So wird „Ich habe keine Luft mehr" mit Hilfe einer Bewegung der flachen Hand vor dem Hals gezeigt, was als Unterbrechung der Luftzufuhr gedeutet wird. Wenn aufgrund der Tiefe kein schnelles Auftauchen möglich ist, kann der betroffene Taucher zusätzlich mit einer einfachen Geste seinem Tauchpartner andeuten, dass er Luft aus dessen Vorrat benötigt. Dazu wird der Atemregler herausgenommen und mit der anderen Hand, die geschlossen die Finger auf den Daumen gelegt und vor dem Mund vor- und zurückbewegt wird, gedeutet, dass ein Wechsel der Luftzufuhr stattfinden soll. Zusätzlich zu den standardisierten Zeichen kann jede Tauchgruppe in einer Vorbesprechung, die vor jedem Tauchgang durchgeführt wird, eigene, individuelle Zeichen vereinbaren, wobei auch hier stets darauf geachtet werden sollte, dass diese gewählten Zeichen leicht verständlich und eindeutig sein müssen (Kromp & Mielke 2014, S.240ff.).

7.2.3 Das Fallschirmalphabet

Auch im Bereich des Fallschirmspringsports werden bestimmte Zeichen verwendet um miteinander kommunizieren zu können. Hierbei gilt ebenfalls die Notwendigkeit, eindeutige Gesten zu verwenden, um beispielsweise in Notsituationen eine Doppeldeutigkeit zu vermeiden. Ebenso wie die Zeichen des Tauchsports, sind auch die Zeichen des Fallschirmspringsports international gültig, was auf eine hohe Akzeptanz für einen zukünftigen Einsatz im planerischen Umfeld schließen lassen konnte. Die folgende Abbildung zeigt die wichtigsten Zeichen und Gesten für den Fallschirmsport auf.

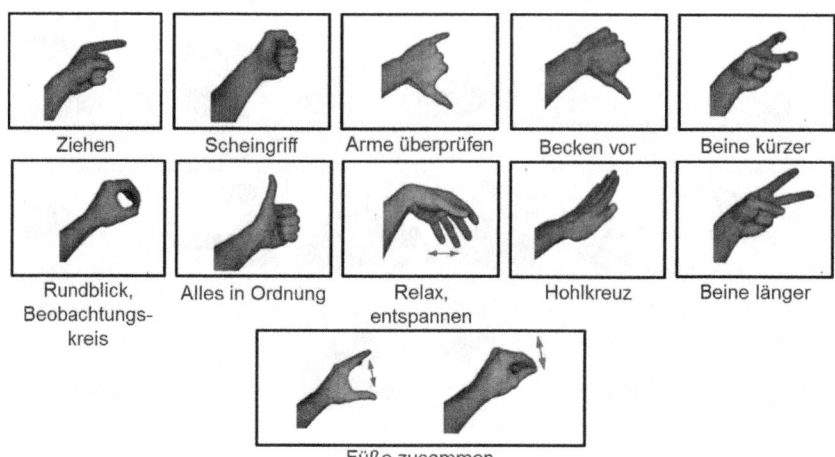

Abb. 46: Ausgewählte Zeichen für Fallschirmspringer (DAEC 2012, S.12f.)

Beim Fallschirmsport wird beispielsweise ein ausgestreckter Zeigefinger als Signal, die Reißleine des Fallschirms zu ziehen, verstanden, ein Anziehen des Zeige –und Mittelfingers bedeutet, dass die Beine angezogen werden sollen. Es ist eine deutliche Überschneidung zu den Gesten der Tauchersprache (vgl. Kapitel 7.2.2) zu erkennen. So bedeutet in beiden Sportarten das „Herunterschlagen" der flachen Hand eine Anweisung wie *Beruhige dich* oder *Relax*. Eine Gegensätzlichkeit hingegen ist bei dem Daumen nach oben zu verzeichnen. Während in der Tauchersprache bedeutet, dass *Alles ok* ist, befielt es beim Fallschirmsport einen *Rundblick* oder *Beobachtungskreis* auszuführen. Beobachtungskreis bedeutet dabei, einen Horizontcheck zur räumlichen Orientierung, eine Höhenkontrolle sowie die Korrektur von Haltungsfehlern auszuführen (para club wr. Neustadt 2015, o.S.). Dies zeigt zwar, dass die Gesten möglichst einfach und intuitiv ausgesucht werden, es dennoch überschneidende Bedeutungen geben kann, je nachdem, welche Sportart gewählt wird (DAEC 2012, S.12ff.). Dies zeigt die Notwendigkeit der Festlegung eines eindeutigen Gestensets für den planerischen Kontext.

Abschließend lässt sich sagen, dass die Gebärdensprache, sowie die unterschiedlichen Zeichen aus dem Sportbereich dazu dienen können, einen ersten Anhaltspunkt für zukünftige Gesten im Planungseinsatz zu identifizieren. Beispielsweise ist die Akzeptanz einer Geste wahrscheinlich höher zu bewerten, wenn sie auch bereits in der Gebärdensprache Anwendung findet. Dies liegt zum einen an der Eindeutigkeit, aber auch an dem Willen der Nutzer, diese Geste zu gebrauchen. Um zukünftig eine intuitive Bedienung mit Gesten ermöglichen zu können, bedarf es einer Auswahl an natürlichen Gesten, die ohne große Hemmungen vom Nutzer intrinsisch gewählt werden. Auch wenn Gebärden dabei helfen können, geeignete Gesten zu wählen, so bedarf es dennoch einer gewissen Vorsicht bei der Auswahl solcher Gebärden, die einen sehr großen Gebärdenraum einnehmen. Bei einem zu groß gewählten Bereich ist damit zu rechnen, dass die Hemmschwelle sehr groß ist und somit die Nutzung als nicht mehr natürlich empfunden wird. Gleiches gilt für den zusätzlichen Einsatz von Mundbewegungen. Auch diese sollten bei der Gestensteuerung keine weitere Berücksichtigung finden. Jedoch sollte ein Abgleich aus Gebärden und Zeichen des Sportbereichs eine gute Grundlage bilden, um leicht verständliche, natürliche und allgemein akzeptierte Gesten zu identifizieren. Um in einem nächsten Schritt eine Empfehlung bestimmter Gesten für planerische Tätigkeiten vornehmen zu können, sollen die Gesten, die nun in den Kapiteln 7.1 sowie 7.2 über alle Forschungs- und Nutzungsbereiche hinweg zum Einsatz kamen, miteinander verglichen und Gemeinsamkeiten herausgestellt werden.

7.3 Kongruente Zeichensprache

Die vorherigen Kapitel haben gezeigt, dass es zahlreiche Einsatzfelder bestimmter Gesten oder Zeichen gibt und dass diese auch bereits hinsichtlich anderer Anwendungen wie z.B. Touchoberflächen, untersucht wurden. Es wurden verschiedene Untersuchungen vorgestellt und die vielversprechendsten Gesten herausgearbeitet. Um nun aus diesen Ergebnissen ein Gestenset zu entwickeln, welches für planerische Umfänge nutzbar ist und bereits hinsichtlich der Intuitivität seiner Gesten untersucht wurde, soll nun eine Gegenüberstellung dieser zuvor ermittelten Gesten erfolgen. Abb. 47 stellt diesen Abgleich dar.

Es wurden sämtliche empfohlene Gesten aus den Studien von Fikkert und Pereira betrachtet. Aus Komplexitätsgründen der Gebärdensprache wurden hier die Handformen (vgl. Abb. 43) sowie das Gebärdenalphabet (vgl. Anhang A) berücksichtigt, jedoch keine Gebärden als solche. Für die weiteren praktischen Anwendungen des Tauchens und Fallschirmspringens wurden die zuvor diskutierten Gesten genutzt. Für diesen Abgleich wurden lediglich die Gesten weiter betrachtet, die mindestens in drei Bereichen Anwendung fanden und zuvor als intuitiv ermittelt wurden. Dabei fällt beispielsweise auf, dass der ausgestreckte Daumen mit Ausnahme der Studie von

Fikkert, überall genutzt wurde, während die flache Hand sogar durchweg in allen untersuchten Teilen vorkam.

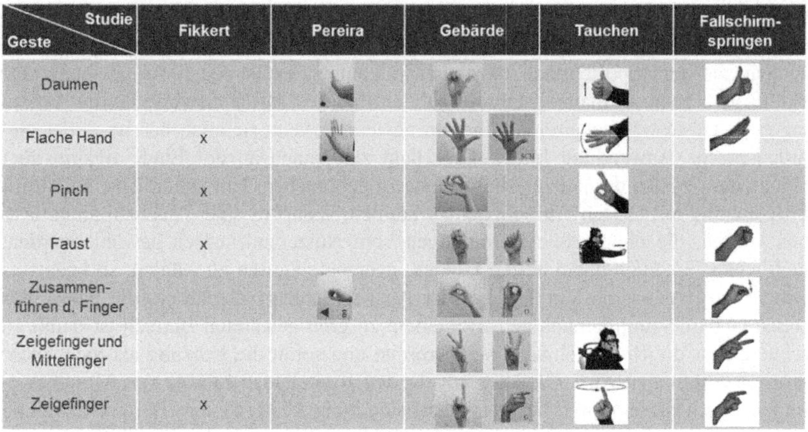

Geste \ Studie	Fikkert	Pereira	Gebärde	Tauchen	Fallschirmspringen
Daumen					
Flache Hand	x				
Pinch	x				
Faust	x				
Zusammenführen d. Finger					
Zeigefinger und Mittelfinger					
Zeigefinger	x				

Abb. 47: Abgleich übereinstimmender Gesten der verschiedenen Bereiche

Die Pinch-Geste stellte sich in der Untersuchung von Fikkert als intuitiv und nutzbar dar und wird auch im Gebärdenalphabet und dem Tauchen gebraucht. Im Falle der Faust und des ausgestreckten Zeigefingers ist die Gemeinsamkeit zu sehen, dass diese beiden Gesten von allen außer der Studie von Pereira verwendet wurden. Das Zusammenführen der Finger fand im wissenschaftlichen Kontext bei Pereira Anwendung, weiterhin in der Gebärdensprache sowie beim Fallschirmspringen. Der ausgestreckte Zeige- und Mittelfinger wurde im Forschungskontext nicht betrachtet, wird jedoch sowohl bei der Gebärdensprache als auch im Sportbereich, also im praktischen Bereich, eingesetzt. Ausgehend von diesen Ergebnissen sollte nun untersucht werden, welche dieser Gesten für Planer, die im Bereich der virtuellen Absicherungen gestellten Anforderungen erfüllen und intuitiv genutzt werden würden.

7.4 Ableitung von planerischen Gesten

Wie in Kapitel 7.1 beschrieben, zeigt der aktuelle Stand der Forschung bereits aus verschiedenen Untersuchungen bestimmte Gesten für gewisse Befehle auf. Auch wenn diese hauptsächlich aus der Bedienung von großen Leinwänden entstanden sind, wie es beispielsweise Fikkert in seiner Arbeit untersucht hat oder aus „gesprochenen" Sprachen des Freizeit- und Sportbereichs, so kann auch für die Bedienung stereoskopischer 3D-Modelle eine Ableitung der bereits untersuchten Gestensets hilfreich sein. Aus diesem Grund wurde ein Abgleich, der mit den Planern entwickelten Gesten vorgenommen, wobei diese noch um die *Faust*, die bereits bekannte *Pinch-Geste*, sowie einen zeitgleich *ausgestreckten Zeige- und Mittelfinger* erweitert wurde, da diese Gesten bereits Anwendung bei den zu vergleichenden Sprachen wie beispielsweise der

7.4 Ableitung von planerischen Gesten 81

Gebärdensprache, der Taucherkommunikation oder den Befehlen bei Fallschirmspringern fanden. Diese hieraus resultierenden neun Gesten sind in der folgenden Darstellung zusammengefasst und zeitgleich im Hinblick auf eine eventuelle positive oder negative Bedeutung, aus wissenschaftlicher Sicht oder aus Sicht des Sportbereichs, untersucht.

Geste		Fikkert	Pereira	Gebärdensprache	Taucherzeichen	Fallschirmspringerzeichen
Gerichteter Zeigefinger		o	o	o	o	o
Daumen nach oben			o		o	+
Faust		o		o	-	o
Flache Hand		o	o	o	-	o
Zusammenführen der Finger		o		o	o	o
Bewegung der Hand nach unten		o			o	
Ausgetreckter Zeigefinger und Daumen		o		o		
pinch		o	o	o	+	
Ausgetreckter Zeige- und Mittelfinger				o	o	o

Legende: positiv + negativ - neutral o

Abb. 48: Identifikation und Evaluierung geeigneter Gesten aus wissenschaftlicher und Anwendersicht

Die Darstellung zeigt einerseits die neun ermittelten Gesten sowie, falls vorhanden, eine mögliche übertragene Bedeutung in den betrachteten Anwendungsfällen. Dabei beschreibt ein „+" eine positive, ein „-" eine negative und ein „o" eine neutrale oder keine Bedeutung. Im Falle von Fikkert konnte besonders in der Onlinebefragung des zweiten Experimentes eine umfassende intuitive Erkennung verschiedener Gesten festgestellt werden (vgl. Tab. 3). So wurde beispielsweise der ausgetreckte Zeigefinger für das Aktivieren oder Deaktivieren eines Objektes gewählt, wobei dabei mit dem entsprechenden Finger noch ein gedachter „Klick" ausgeführt wurde. Die Faust wurde intuitiv zum Auswählen oder Greifen eines Objektes genutzt. Die Flache Hand fand beim Abwählen eines Objektes Anwendung, also als eine gedachte *Cancel*-Funktion. Die Bewegung der flachen Hand nach unten kann im übertragenen Sinn hierbei berücksichtigung finden, da die Anwender automatisch am Ende jeder Ausführung die Hand gezielt nach unten bewegten. Die Funktion *ausgestreckter Zeigefinger und Daumen* wurde hier genutzt, jedoch in diesem Fall nicht als intuitive Geste definiert. Die klassische *pinch*-Geste wurde ebenso wie bei der Multitouch-Funktion zur Größenänderung genutzt. Der *Daumen nach oben* sowie das *Zusammenführen der Finger* fand bei Fikkert keinerlei Verwendung. In diesem und den folgenden Versuchen wurde jedoch nicht geäußert, dass einer der Probanden eine gewisse Geste als unangenehm empfunden hat. Solange die Gesten also als intuitiv angesehen wurden ist auch davon auszugehen, dass sie eine gewisse Akzeptanz aufweisen, weshalb hierbei noch keine positive oder negative Bedeutung der Gesten festgestellt werden konnte. (Fikkert 2010, S.47ff.).

Analog zu dem Abgleich mit den Ergebnissen von Fikkert wurden dieselben Gesten mit den gewählten und genutzten Zeichen von Pereira, der Gebärdensprache sowie denen aus dem Sportbereich abgeglichen. Dabei konnten insbesondere bei letzterem Gesten ausgemacht werden, die in Gefahrensituationen zur Anwendung kommen und daher dazu führen könnten, mit einer negativen Bedeutung in Zusammenhang gebracht zu werden. So bedeutet beispielsweise im Tauchsport die Faust, die in eine bestimmte Richtung zeigt, dass von hier eine Gefahr droht. Eine flache Hand kann den Befehl *Stopp!*, *Irgendetwas stimmt nicht* oder aber auch *Tauchtiefe konstant halten,* aussagen (Kromp & Mielke 2014, S.71ff.). Im Gegensatz dazu stehen Gesten mit positiver Bedeutung wie dem Daumen nach oben beim Fallschirmspringen oder der *pinch*-Geste beim Tauchen, denen die Bedeutung: *Alles in Ordnung!* zugewiesen wird (DAEC 2012, S.12f. und Kromp & Mielke 2014, S.71ff.).

Aufgrund der vorhergegangenen Untersuchungen konnte ermittelt werden, welche Gesten aus Gründen der Intuitivität sowie aus Sicht der Forschung empfehlenswert sind. Das Ziel war eine Verschmelzung aus Wissenschaft, Sport und von Planern gewünschten Gesten, wobei bereits auf Gesten mit negativer Konnotation größtenteils verzichtet werden sollte. Als Ergebnis wurden folgende Gesten definiert:

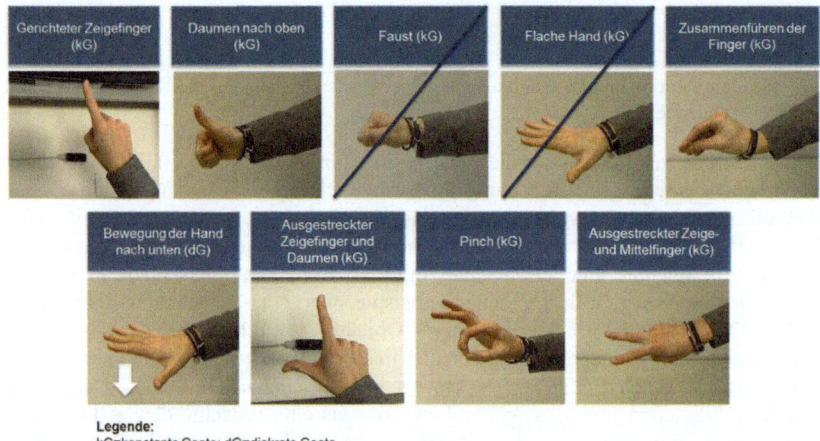

Abb. 49: Ausgewählte Gesten für eine intuitive Steuerung

Zu sehen sind die neun ermittelten Gesten, wobei die Faust und die flache Hand lediglich unter dem Aspekt genutzt werden sollten, dass sie keinerlei negative Bedeutung in diesem Zusammenhang besitzen, da die vorangegangene Untersuchung gezeigt hat, dass bei der Tauchersprache diese Gesten durch die Aussagen „Gefahr in dieser Richtung" und „Irgendetwas stimmt nicht" eine negative Bedeutung besitzen. Die sieben weiteren Gesten konnten nach dem Abgleich mit wissenschaftlichen Ergebnissen und Bedeutungen des Sports vorbehaltlos verwendet werden.

7.5 Gesten im kulturellen Spannungsfeld

Dass Gesten keine internationale Gültigkeit aufweisen, zeigen die in diesem Kapitel beschriebenen Unterschiede laut einer Studie der *ux fellows* sowie der kulturellen Unterschiede innerhalb der Gebärdensprache. Ein einfaches Beispiel zeigt die folgende Abbildung, in der für verschiedene Länder die unterschiedlichen Gesten gezeigt werden, die bedeuten, dass etwas gut geschmeckt hat.

USA   Australia   Spain   India   Italy   Netherlands   Turkey

Abb. 50: Verschiedene Gesten zur Deutung eines guten Essens (ux fellows 2013, o.S.)

Hierbei fällt auf, dass in einigen Ländern, wie z.b. Australien, die Geste eher in Nähe des Bauches und in anderen Ländern eher in Nähe des Kopfes ausgeführt wird. Dabei treten Gesten wie der Daumen nach oben, die flache Hand oder die pinch-Geste auf. Um die internationalen Unterschiede noch genauer herauszuarbeiten, soll im Folgenden zunächst die bereits vorgestellte Gebärdensprache herangezogen und auf ihre internationale Bedeutung eingegangen werden. Anschließend wird die Studie der *ux fellows* behandelt, um allgemeine Kenntnisse über eine solche internationale Gestennutzung herauszustellen (ux fellows 2013, o.S.). Diese bilden die Grundlage für die im Anschluss durchgeführte Studie, die im Rahmen einer Konzerntagung erhoben wurde, um Gesten im Planungskontext international abzusichern.

7.5.1 Gebärden im internationalen Kontext

Die Bedeutung einzelner Ausdrücke, Gesten und Gebärden kann sich je nach Kultur und Nationalität stark unterscheiden. Während jedoch zum Beispiel Taucher- und Fallschirmspringersprache international gleich sind, um im Falle einer Notsituation in allen Ländern und Regionen verstanden werden zu können, unterscheidet sich die Gebärdensprache zum Teil stark von Land zu Land. So wird beispielsweise der Begriff *Baum* in verschiedenen Gebärdensprachen durch eine andeutungsweise Nachbildung der typischen Baum-Form ausgedrückt. Somit liegt dieselbe Intention zugrunde, nämlich den Gegenstand nachzubilden, geschieht jedoch über vollkommen unterschiedliche Gebärden (Taub 2012, S.388). Die folgende Abbildung zeigt dieses Beispiel für verschiedene Sprachen.

  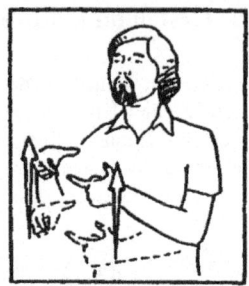

(a) American Sign Language   (b) Danish Sign Language   (c) Chinese Sign Language

Abb. 51: Der Begriff Baum in verschiedenen Gebärdensprachen (vgl. Klima & Bellugi 1979, S.21)

Es ist zu erkennen, dass in der amerikanischen Zeichensprache (ASL) der Baum durch einen nach oben ausgestreckten Unterarm mit gespreizten Fingern gebildet wird, die eine drehende Bewegung ausführen. Dabei bildet der Unterarm den Stamm des Baumes ab, während die gespreizten Finger die sich im Wind bewegenden Äste wiederspiegeln. In der dänischen Zeichensprache (DSL) werden beide Hände symmetrisch zueinander bewegt. Dabei wird zunächst die runde Form der Baumkrone und im Anschluss der schmale Stamm nachgebildet. Bei der chinesischen Zeichensprache (CSL) wird mit Hilfe der beiden Hände der Stamm bildhaft umfasst und nach oben hin abgefahren (Klima & Bellugi 1979, S.21).

7.5.2 Gesten im internationalen Kontext

Eine Studie der *ux fellows* untersuchte spontan gewählte Handgesten von Probanden zur Bedienung eines Fernsehers (ux fellows 2013, o.S.). Insgesamt wurden in 18 Ländern jeweils 20 Personen befragt, was sich folglich zu 360 Interviews summiert. Dabei wurden die Testpersonen vor einem ausgeschalteten Flatscreengerät platziert, während ihnen ein Interviewer gegenübersaß. Während des Versuches sollten sie sich vorstellen, das TV-Gerät ließe sich mittels Gesten steuern, weshalb sie aufgefordert wurden Gesten zu nutzen und auszuführen, mit deren Hilfe sie bestimmte Aktionen des Fernsehers steuern wollten. Bei den gestellten Aufgaben handelte es sich beispielsweise um Funktionen wie Einschalten, Regulieren der Lautstärke, Senderwechsel, Pause sowie das Aufrufen der elektrischen Programminformationen. Dabei stand es ihnen frei, eine oder beide Hände zu nutzen. Während der Durchführung sollten die Teilnehmer ihre Ausführungen kommentieren um weitere Erkenntnisse sammeln zu können. Die von den Probanden gewählten Gesten sollten im Nachhinein auf Ihre Schwierigkeit hin bewertet werden. Die Skala reichte dabei von eins (einfach) bis zu fünf (schwer). Ein Beispiel für die internationalen Unterschiede ist in der folgenden Abbildung für den Befehl *Lautlos stellen* aufgezeigt.

7.5 Gesten im kulturellen Spannungsfeld

Abb. 52: Lautlos schalten in Australien, China und Mexiko links und in den meisten anderen Ländern rechts (vgl. ux fellows 2013, o.S.)

Hierbei ist auf der linken Seite zu erkennen, dass Personen in Australien, China oder Mexiko eine Geste mit dem gesamten Arm mit einer dynamischen Bewegung von oben nach unten ausführen, während in den meisten anderen Ländern der Zeigefinger zum Mund geführt wird. Dies zeigt sehr schön die internationalen intuitiv gewählten Gesten auf, die bereits in Alltagssituationen auftreten. So konnte abschließend im Rahmen dieser Studie festgestellt werden, dass bei einfachen Gesten bereits ein begrenzter, kultureller Konsens vorherrscht, während bei komplexeren Gesten die kulturellen Unterschiede stärker zum Tragen kommen. Auch spielt eine geografische oder kulturelle Nähe eine scheinbar untergeordnete Rolle, da auch bei nahen Regionen zum Teil große Unterschiede beobachtet werden konnten. Auch in dieser Studie konnte ein Zusammenhang zwischen gewählten Gesten und Erfahrung mit der Bedienung verschiedener Consumertechnologien hergestellt werden (ux fellows 2013, o.S.).

7.5.3 Internationale Studie zur Validierung der ermittelten Gesten

Um im Rahmen dieser Arbeit Gesten erarbeiten zu können, die keine unterschiedlichen Bedeutungen und mögliche Missverständnisse hervorrufen, sondern international Verwendung finden können, wurde während der Konzerntagung der Digitalen Fabrik der Volkswagen AG im Juni 2015 eine Studie durchgeführt. Aufgrund des Themengebietes der Tagung war es möglich, viele in der Planung beschäftigte Mitarbeiter der verschiedenen Konzernmarken und der entsprechenden Standorte zu befragen, was zu einer großen Vielfalt geführt hat. Insgesamt haben 42 Personen an der Befragung teilgenommen, wobei folgende Nationalitäten vertreten waren: Deutschland (15), Spanien (7), Mexiko (5), China (4), Polen (3), Großbritannien (2), Brasilien (2), Italien (1), Syrien (1), Israel (1) und Österreich (1), wobei die jeweilige Anzahl der Teilnehmer pro Land in Klammern steht. Die abzusichernden Gesten wurden den Teilnehmern jeweils in Form eines Videos vorgeführt. Diese Videos zeigten die Ausführung der Geste, jedoch keinerlei weitere Informationen. Somit war es den Teilnehmern auch freigestellt, die Geste in horizontaler oder vertikaler Richtung, oder in Kopf- oder Brusthöhe ausführend zu beurteilen. Es konnten keine Rückschlüsse auf die Intention der Geste gezogen werden. Die Auswahl der Gesten hatte dabei bereits im Voraus durch einen Abgleich prägnanter Gesten aus wissenschaftlichen Experimenten (vgl. Kapitel 7.1.1 und 7.1.2), Gesten der Gebärdensprache (vgl. Kapitel 7.2.1) sowie Zeichen des Sportbereichs (7.2.2 und 7.2.3) stattgefunden, wie es bereits in Kapitel 7.3

genauer erläutert wurde. Bis auf die Geste der Bewegung der Hand nach unten, wurden die Gesten stets in kontinuierlicher Art und Weise vorgestellt, also einer andauernden, zeitlich ausgedehnten Bewegung. Bei der Bewegung der Hand nach unten handelt es sich um eine zeitlich begrenzte, einmalige Ausführung der Geste, also eine sogenannte diskrete Geste. Die neun, hier vorgestellten und in Reihenfolge ihrer Untersuchung abgebildeten Gesten, sowie die Einordnung in ihre jeweilige Ausführungsform sind der folgenden Darstellung zu entnehmen:

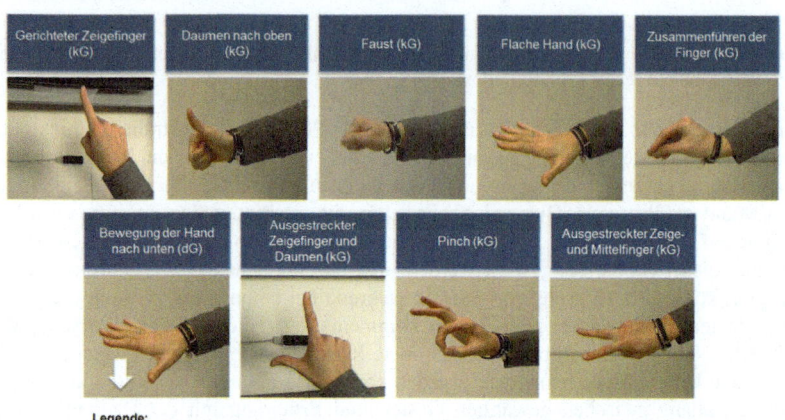

Abb. 53: Die neun vorgestellten Gesten der internationalen Validierung

Zur Bewertung der Internationalität der Gesten, wurde ein Fragebogen entwickelt (vgl. Anhang C). Die Befragung als solche fand aus geforderten Datenschutzgründen anonym statt, jedoch sollte die eigene Nationalität von den Teilnehmern eingetragen werden um eine Auswertung zu ermöglichen. Der Fragebogen wurde in einzelne Abschnitte unterteilt, die sich auf die jeweiligen Gesten bezogen. Für jede der präsentierten Gesten, wurden die gleichen Fragen gestellt, die es zu beantworten galt. Zum einen die Frage „Hat die Ihnen gezeigte Geste in Ihrer Kultur eine Bedeutung?". Hierbei handelt es sich um eine Frage die per Multiple-Choice mit *ja/nein* zu beantworten war. Nur für den Fall, dass die gezeigte Geste eine Bedeutung in der Kultur des jeweiligen Teilnehmers hatte, waren die zwei weiteren Fragen zu beantworten. Die erste lautete: „Von welcher Art ist die Bedeutung?". Auch hier gab es die Möglichkeit per Multiple-Choice zwischen den Möglichkeiten *positiv, negativ* und *neutral* zu wählen. Zur weiteren Bewertung wurden die Teilnehmer im Anschluss gebeten, die Bedeutung der jeweiligen Geste zu spezifizieren, also in Worten per Freitext zu beschreiben.

Da die Intention ist, eine internationale Verwendbarkeit der einzelnen Gesten sicherzustellen, werden die Gesten, denen keine, eine neutrale oder eine positive Bedeutung zugesprochen wurden, in der Auswertung des Fragebogens nicht weiter betrachtet. Von Interesse sind hier lediglich diejenigen Gesten, die in einer oder mehreren Kulturen eine negative Bedeutung haben, da diese in einem solchen Fall zu Missverständ-

7.5 Gesten im kulturellen Spannungsfeld

nissen oder Fehlaussagen führen können und somit nicht für die Verwendung in dem jeweiligen Land geeignet sind.

Tab. 5: Negative Bedeutungen einzelner Gesten in den verschiedenen Ländern

Land \ Geste	Faust (kG)	Zusammenführen der Finger (kG)	Bewegung der Hand nach unten (dG)	Ausgestreckter Zeigefinger und Daumen (kG)	Pinch (kG)
Deutschland	Aggressivität		Homosexualität		
Spanien					
Mexiko					
China		Beleidigung (Tier)		Aggressivität, Pistole	
Polen			Homosexualität		
Großbritannien					
Brasilien	Aggressivität, Provokation				Beleidigung (Arschloch)
Italien					
Syrien					Beleidigung
Israel	Beleidigung				
Österreich	Verärgerung		Homosexualität	Loser	

Die Tabelle zeigt die fünf Gesten *Faust, Zusammenführen der Finger, Bewegung der Hand nach unten, ausgestreckter Zeigefinger und Daumen* sowie die *pinch*-Geste, die im Rahmen der internationalen Befragung mit einer negativen Bedeutung in Verbindung gebracht wurden. So deutet die Faust in Ländern wie Deutschland und Brasilien auf Aggressivität hin. In Israel wird sie sogar als Beleidigung verstanden und in Österreich impliziert sie eine Verärgerung. Das Zusammenführen der Finger wird von den hier untersuchten Ländern lediglich in China mit einer negativen Bedeutung in Zusammenhang gebracht. Hier wird sie als Beleidigung empfunden, da sie dem Gegenüber zeigt, dass er wie ein Tier denkt und handelt. Das Herunterschlagen der Hand wird in vielen Ländern mit der Homosexualität in Zusammenhang gebracht. Obwohl diese Wahrnehmung für uns keinerlei negative Bedeutung hat, so ist sie dennoch aufgeführt, da in manchen Kulturkreisen noch immer Vorbehalte diesbezüglich bestehen können. Der ausgestreckte Zeigefinger und Daumen wird in China mit Aggressivität in Zusammenhang gebracht oder sogar bildlich als Pistole wahrgenommen. In Österreich wird diese Geste hingegen schnell mit dem Begriff Loser in Verbindung gebracht, sobald die Geste in Kopfhöhe ausgeführt wird. Die pinch-Geste findet in Brasilien als schwere Beleidigung Anwendung, hier bedeutet sie sogar „Arschloch". Auch in Syrien wird sie als beleidigend aufgefasst.

Die vier Gesten gerichteter Zeigefinger, Daumen nach oben, flache Hand sowie ausgestreckter Zeige- und Mittelfinger hatten im Rahmen dieser Befragung in keinem der hier untersuchten Länder eine negative Bedeutung. Insofern könnten diese für einen internationalen Einsatz Berücksichtigung finden. Jedoch sei an dieser Stelle angemerkt, dass häufig auch die Ausrichtung sowie der Bewegungsraum der jeweiligen Gesten eine wesentliche Rolle spielen und dadurch auch sehr einfach eine Geste von einer positiven Bedeutung eine negative oder umgekehrt erhalten kann. Insgesamt ist jedoch festzuhalten, dass aufgrund der zahllosen kulturellen Eigenheiten und der damit verbundenen Menge an Interpretationsmöglichkeiten eine universell und international gültige (Welt-) Gestensprache nicht umsetzbar ist. Dabei ist darauf hinzuweisen, dass es sich hierbei lediglich um eine erste Einschätzung handelt, die durch die hier gezeigte Untersuchung jedoch bereits ansatzweise bestätigt wird.

Abschließend ist festzuhalten, dass die hier ermittelten und international abgesicherten Gesten sicherlich nur einen ersten Eindruck darüber geben können, inwiefern eine Akzeptanz der bestimmten Befehle im praktischen Gebrauch vorliegt. Da im Rahmen der internationalen Studie hier lediglich die isolierten Gesten als Video vorgespielt wurden, nicht jedoch im Planungskontext untersucht wurden, ist nicht klar, ob dieselbe Interpretation vor dem eigentlichen System getätigt worden wäre. Sicherlich ist es denkbar, dass bestimmte Gesten trotz negativer Bedeutung im Zusammenhang mit Sprache, eine völlig andere Auffassung ermöglichen, wenn sie im Planungskontext genutzt werden. Durch die isolierte Betrachtung entfällt die Möglichkeit durch Sprache oder Mimik die Interpretation der Geste zu beeinflussen. So ist davon auszugehen, dass beispielsweise die aggressive Konnotation bei der Nutzung der Faust aus einer personenzugewandten Aktion resultiert, die vermutlich entfällt, sobald die Geste auf einen Bildschirm gerichtet ausgeführt wird. Diese Überlegung scheint sich nach ersten Erfahrungen zu bestätigen, muss jedoch für eine abschließende Validierung weitergehend untersucht werden. Um die Ergebnisse der internationalen Absicherung zu bestätigen, müsste weiterhin ein größerer Umfang für die Befragung geprüft werden. Bei der Konzerntagung konnten zum einen lediglich Personen mit planerischem Hintergrund befragt werden, zum anderen stand auch nur eine begrenzte Anzahl an Testpersonen zur Verfügung, wodurch die Repräsentativität nicht gewährleistet werden konnte.

8 MoviA – Mobile virtuelle Absicherung

In Folge des ermittelten Bedarfs zur besseren Kommunikation zwischen Mitarbeitern des Shopfloor und der Planung, wurde ein Prototyp entwickelt, der die Aspekte der Mobilität sowie der Intuitivität vereint. Das Ergebnis – MoviA für Mobile virtuelle Absicherung – soll im Folgenden näher erläutert werden. MoviA soll zukünftig bei der Durchführung virtueller Absicherungen zum Einsatz kommen und so die Mitarbeiter bei der Entscheidungsfindung unterstützen. Hierzu wurden zunächst geeignete Anwendungsfälle generiert, anhand derer prototypisch eine virtuelle Absicherung (vgl. Kapitel 4.3.3) durchgeführt werden sollte. Angepasst an die Anforderungen, die der gewählte Use Case der Schraubfallplanung (vgl. Kapitel 8.1.1) mit sich bringt, wurde der Prototyp entwickelt, gebaut und evaluiert. Weiterhin soll geklärt werden, unter welchen Prämissen sich für oder gegen eine der in Kapitel 3 erläuterten Technologien und Medien entschieden wurde. Dieser Prototyp sowie die technologische Herleitung sind Inhalt dieses Kapitels. Der iterative Prozess der Auswahl verschiedener Technologien und Gesten, sowie eine durchgeführte Nutzerstudie sollen ebenfalls Inhalt des folgenden Abschnitts sein.

8.1 Vorbereitung zur Umsetzung

Um einen geeigneten Einsatz von MoviA zu gewährleisten, wurde zunächst gemeinsam mit Planern erörtert, wo eine Einbindung von Mitarbeitern des Shopfloor den größten Mehrwert bringt. Da im Rahmen einer virtuellen Absicherung die gesamten Fahrzeugdaten mit denen der Fabrik abgeglichen werden, war es hier notwendig, einen geeigneten Rahmen abzustecken. Erst nach Auswahl des Use Cases konnte ein Anzeigemedium gewählt werden, da erst damit deutlich wurde, welche Randbedingungen Berücksichtigung finden mussten. Hierfür waren auch bestimmte Vorgaben der ISO 9241 von Bedeutung, welche beispielsweise Anforderungen an visuelle Anzeigen oder die Arbeitsplatzgestaltung beinhaltet (ISO 9241 2012). Im Anschluss daran wurden geeignete Interaktionsmedien ausgewählt, die nach bestimmten Kriterien bewertet wurden. Die Technologien, die hier am besten abschnitten, dienten für die folgenden Prototypen als Grundlage.

8.1.1 Auswahl Use Cases

Um einen geeigneten Use Case für die vorliegende Untersuchung zu ermitteln wurde zunächst der PEP genau betrachtet und der Einsatzort von virtuellen Untersuchungen ermittelt. Die folgende Abbildung zeigt schematisch den Einsatzrahmen der 3P-

Workshops und der virtuellen Absicherung innerhalb des Produktentstehungsprozesses, wie es bereits in den Kapiteln 4.3.1, 4.3.2 und 4.3.3 beschrieben wurde.

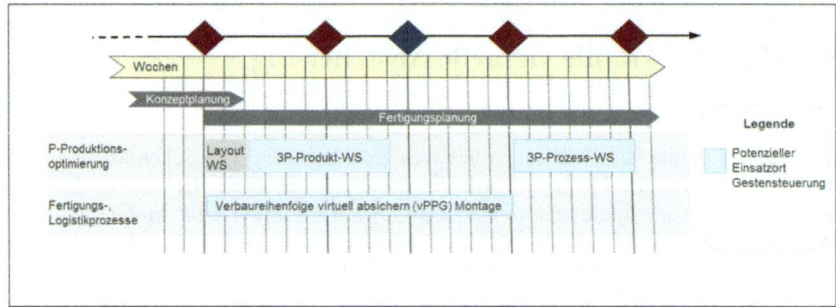

Abb. 54: Einordnung der virtuellen Absicherung im Produktentstehungsprozess

Virtuelle Daten werden bereits in einer sehr frühen Phase als Planungsgrundlage genutzt, um mit ihrer Hilfe beispielsweise Erreichbarkeits- oder Einbauuntersuchungen vornehmen zu können. Ausgehend von einer Checkliste, die die wesentlichen Punkte beinhaltet, welche zu jedem Neuanlauf innerhalb der Absicherung überprüft werden müssen, wurde ein Szenario ausgewählt, für das auch die Berücksichtigung der realen Bewegung interessant ist. Fälle, die virtuell abgesichert werden sind beispielweise der *Einbau der Batterie mithilfe eines Betriebsmittels oder Manipulators, der Einbau der Scheinwerfer, Cockpiteinfahrten* sowie *der Einbau der Rückleuchten.* In diesem Fall wurde die Schraubfalluntersuchung im Rahmen des Einbaus der Rückleuchten als geeigneter Anwendungsfall bewertet. In diesem Use Case soll das Heranführen des Betriebsmittels an den Verbauort mit möglichst realen Bewegungen durchgeführt und auf diesem Wege die Zugänglichkeit untersucht werden. Besonders bei der Schraubfallplanung ist eine intuitive Herangehensweise gewünscht, die es jedem ermöglichen soll, eine virtuelle Untersuchung durchzuführen und reale Erfahrungen mit einfließen zu lassen. Kollisionen sollen leichter erkannt und schwierige Einbauszenarien besser untersucht werden können.

Abb. 55: Anwendungsfall der Schraubfalluntersuchung

Zu sehen ist in Abb. 55 die Verschraubung der Rückleuchte, welche durch den Innenraum des Fahrzeugs geschieht, weshalb Schraubpunkte häufig nur schlecht zu erreichen sind. In diesem Fall wurde das Szenario dahingehend aufgebaut, dass für die Testperson zunächst eine Navigation in Richtung der Karosse nötig war, um dann dort

8.1 Vorbereitung zur Umsetzung

den Schrauber virtuell zu greifen und an den Verbauort zu führen. Zur Dokumentation sollte an dieser Stelle weiterhin das Öffnen des Menüs Berücksichtigung finden um einen Screenshot der jeweiligen Szene anfertigen zu können. In diesem Zusammenhang war es jedoch auch von besonderer Bedeutung, dass sämtliche Befehle, die für eine Gestensteuerung in Kapitel 7.4 ermittelt wurden, in diesem Beispiel Anwendung fanden.

Da nun das Einsatzfeld (virtuelle Absicherung) mit geeignetem Use Case (Schraubfalluntersuchung der Rückleuchte) festgelegt war, konnte der Prototyp hierfür entsprechend konstruiert und angefertigt werden. Randbedingung hierfür war die Auswahl geeigneter Anzeige- und Interaktionsmedien für den gewählten Anwendungsfall, welche im Folgenden beschrieben wird.

8.1.2 Auswahl Anzeigegeräte

Um eine bestmögliche Auswahl an Anzeigemedien treffen zu können, die für die Entwicklung des hier genutzten Prototyps in Betracht gezogen werden konnten, wurde im Rahmen dieser Arbeit zunächst genauer untersucht, welche Voraussetzungen für den industriellen Einsatz erfüllt sein müssen, da diese häufig den endgültigen Einsatz von alltäglichen Techniken wie Tablets, Smartphones und weiteren Bedienkonzepten einschränken. So ist es beispielsweise eine Herausforderung, Spracheingabegeräte in der Fertigung einzusetzen, da durch die herrschenden Umgebungsgeräusche eine Erkennung der Befehle erschwert wird. Darüber hinaus ist es auch möglich, dass aus Gründen der Geheimhaltung keine Kameras auf dem Betriebsgelände zugelassen sind, was dazu führen kann, dass der Einsatz von Tablets oder Smartphones nur eingeschränkt möglich ist. Tab. 6 zeigt eine Übersicht entsprechender Bewertungskriterien der TCO[22], wobei diese den verschiedenen Anforderungsbereichen *technisch, ökologisch* sowie *ergonomisch* zugeordnet wurden (TCO Development 2015, o.S. und ISO 9241 2012 und Heinecke 2012, S.164ff.).

In jeder Kategorie existieren Anforderungen, welche die Anzeigemedien erfüllen müssen, um im industriellen Umfeld eingesetzt werden zu können. Aus technischer Sicht spielen beispielsweise sicherheits- und performancerelevante Voraussetzungen eine Rolle. Die ausgewählten Geräte müssen eine hohe Daten- und Übertragungssicherheit gewährleisten und unter anderem genügend Leistung für anspruchsvolle Anwendungen bieten. Des Weiteren ist die Ergonomie von hoher Bedeutung, da sichergestellt sein muss, dass die Mitarbeiter möglichst ergonomisch und schonend mit den bereitgestellten Geräten arbeiten können. Aufbauend auf diesen Kriterien konnte eine Auswahl an möglichen Anzeigegeräten getroffen werden, die die Arbeit eines Planers erleichtern und eventuell spielerisch und mobil gestalten sollen. Im Wesentlichen wurde dabei der Fokus auf die bisherigen Anzeigemedien virtueller Inhalte der Planer wie eine Cave oder einen Desktop PC gelegt, wie sie in Kapitel 3.3 bereits vorgestellt wurden.

---

[22] Das TCO Zertifikat steht für eine Zertifizierung der Nachhaltigkeit von IT-Produkten. Dieses wird von der schwedischen TCO Development vergeben (TCO Development 2015, o.S.).

Tab. 6: *Kriterien für Anzeigemedien im industriellen Umfeld (nach TCO Development 2015, o.S. und Heinecke 2012, S.164ff.)*

Technisch	Ökologisch	Ergonomisch
Sicherheit	Schmutz	Auflösung
Performance	Lärm	Lichtstärke
Darstellungsfläche		Kontrast
Bedienbarkeit		Farbwiedergabe
Verfügbarkeit der Funktionen		Schwache elektromagnetische Felder
Informationsweitergabe		3D
Akkulaufzeit		
Genauigkeit		
Qualität		
Preis		

In einem weiteren Schritt wurden daraufhin weitere Technologien untersucht, die für eine Anzeige von Planungsinhalten von Bedeutung sein könnten. Darunter waren beispielsweise das zSpace (vgl. Kapitel 3.3.1) oder aber ein Tablet-PC (vgl. Kapitel 3.3.2) in die Betrachtung der Untersuchung mit einbezogen. Diese wurden nach den zuvor genannten technischen IT-Kriterien bewertet. Dabei wurde sowohl auf technische Details, als auch auf ergonomische Voraussetzungen des jeweiligen Anzeigegerätes geachtet. Exemplarisch kann dies anhand des Performancekriteriums dargestellt werden. Während ein Desktop PC so ausgestattet und konfiguriert werden kann, dass er auch für aufwändige Softwareanwendungen nutzbar ist, ist dies bei einem Tablet nur eingeschränkt möglich. Daher wird der Desktop PC mit der vollen Punktzahl (1) bewertet, während das Tablet aufgrund seiner vergleichsweise schwachen Leistungsfähigkeit keine Punkte erhält. Somit konnte bewertet werden, welches Anzeigemedium den Kriterien einer Planung im industriellen Kontext gerecht wird. Weiterhin wurden beispielsweise auch Kriterien wie Lärm und Schmutz berücksichtigt. Die durch die Autorin durchgeführte Bewertung sowie die vorgenommene Gewichtung der einzelnen Kriterien ist Tab. 7 zu entnehmen.

Hierbei wurde die Gewichtung auf einer Skala von 1 bis 3 vorgenommen, wobei die Kriterien mit einer drei einen besonders hohen und solche mit einer 1 einen niedrigen Stellenwert zugeschrieben bekommen haben. Da es das Ziel von MoviA ist, eine vereinfachte Kommunikation zwischen den Bereichen Planung und Produktion zu ermöglichen, wurden solche Kriterien, die dabei unterstützen, wie z.B. die Informationsweitergabe, entsprechend höher gewichtet. Es ist auch zu beachten, dass das Kriterium der Genauigkeit hier sehr gering mit einer 1 gewichtet wurde, da in diesem Zusammenhang eben nicht das genaue Planen sondern die eben angesprochene Kommunikation im Mittelpunkt der Betrachtung steht.

8.1 Vorbereitung zur Umsetzung

Tab. 7: Analyse geeigneter Anzeigegeräte

Kriterien (Gewichtung)	Technik	Cave	Tablet PC	Desktop PC	zSpace	Smartphone	Smart Glasses
technisch	Sicherheit (2)	●	○	●	●	○	○
	Performance (2)	●	○	●	●	○	○
	Darstellungsfläche (1)	●	◐	◐	●	○	○
	Bedienbarkeit (3)	◐	●	◐	◐	●	◐
	Verfügbarkeit der Funktionen (2)	◐	○	●	●	○	○
	Informationsweitergabe (3)	○	◕	●	●	◐	○
	Akkulaufzeit (1)	●	◐	●	●	◔	○
	Genauigkeit (1)	●	◐	●	●	◐	◔
	Qualität (2)	●	◐	◕	●	◔	◔
	Preis (1)	○	◕	◕	◐	◕	◐
ökologisch	Schmutz (1)	-	◔	-	◔	◔	○
	Lärm (1)	-	◔	-	-	◔	○
ergonomisch	Auflösung (2)	◕	◐	◔	◕	◔	◔
	Lichtstärke (2)	◔	◐	◔	◕	◐	◔
	Kontrast (1)	◐	◕	◕	◕	◐	◔
	Farbwiedergabe (1)	◕	◕	◐	◕	◐	◔
	Schwache elektromagnetische Felder (1)	◕	◐	●	◕	◐	○
	3D (3)	●	○	○	●	○	○
Ergebnis		**18,5**	**13**	**18,5**	**24,5**	**10**	**4,25**

Legende:
● trifft voll zu ◕ trifft zu 75% zu ◐ trifft zu 50% zu ◔ trifft zu 25% zu ○ trifft gar nicht zu

Die Technologie, die hierbei die beste Bewertung für einen solchen planerischen Einsatz erhielt, war dabei das zSpace mit seinem großen Funktionsumfang, der guten Möglichkeit der Informationsweitergabe sowie dem sehr guten stereoskopischen Eindruck, den der Planer erhalten kann. Aus diesem Grund sollte das zSpace als Anzeigemedium für MoviA Verwendung finden.

8.1.3 Auswahl Interaktionsmedium

Um das passende Interaktionsmedium für eine Gestensteuerung zu bestimmen, wurden zunächst sämtliche Komponenten der zu dieser Zeit am Markt verfügbaren Consumertechnologie ermittelt (vgl Kapitel 3.2.3). Im Anschluss wurde eine ausführliche Potenzialanalyse in Zusammenarbeit mit der Audi AG vorgenommen, die teilweise[23] in Tab. 8 zu finden ist. Es wurden unterschiedliche Technologien auf Kriterien untersucht, die für den industriellen Einsatz von Interesse sind.

---

[23] Da das STEM-System zum Zeitpunkt der Erstellung dieser Arbeit noch nicht erhältlich war, konnte dieses nicht real getestet werden und wurde dadurch im weiteren Verlauf nicht berücksichtigt.

Tab. 8: Analyse geeigneter Interaktionsmedien

	FIN Ring	MYO Armband	Leap Motion Controller	Kinect	Kinect 2.0
Stabilität	◓	●	◓	◓	◓
Primäre Usererkennung	◓	●	●	◓	◓
Genauigkeit	◓	●	◓	◓	◓
Verfügbare Gesten	◓	●	●	◐	◐
Trackingbereich	◕	◐	◐	◓	●

Legende:
● trifft voll zu   ◓ trifft zu 75% zu   ◐ trifft zu 50% zu   ◕ trifft zu 25% zu   ○ trifft gar nicht zu

So ist die Stabilität eines solchen Systems von hoher Bedeutung, damit es auch die entsprechende Akzeptanz beim Anwender findet und so auch tatsächlich zum Einsatz kommt. Aufgrund der Tatsache, dass virtuelle Absicherungen im Regelfall in Gruppen durchgeführt werden, ist eine Erkennung des primären Nutzers wichtig. Das System muss erkennen, welche Person gerade die Befehle an das Systems übergibt, so wie es bisher immer die Person war, die Maus und Tastatur des Masterarbeitsplatzes bediente. Die Genauigkeit ist langfristg von hoher Bedeutung. Im Rahmen der virtuellen Absicherung werden bei der Volkswagen AG im Rahmen der sogenannten „virtuellen Produkt Prozess Gespräche" (vPPG) Abweichungen und Probleme im Protokoll festgehalten und im Anschluss die virtuellen Produktdaten angepasst. Zukünftig ist es denkbar, dass eine Gestensteuerung auch in Bereichen Anwendung finden wird, in denen es wichtig ist, dass der Planer bestimmte Tätigkeiten präzise durchführen kann und somit doppelte Arbeitsschritte vermieden werden. Die Anzahl der verfügbaren Gesten ist für den Prototypenstatus noch nicht von allzu großer Bedeutung, da in diesem frühen Stadium noch kein voller Funktionsumfang bereitgestellt werden muss, jedoch sollte es möglich sein, das Gestenrepertoire zu erweitern, um eine Weiterentwicklung gewährleisten zu können. Da innerhalb der Planung auch immer wieder der Einsatz von Caves notwendig ist, spielt auch der Trackingbereich eine wichtige Rolle. Besonders bei Gruppenarbeiten müssen größere Flächen durch das Tracking abgedeckt werden, um eine stabile Erkennung der Gesten des primären Anwenders zu ermöglichen. Im Rahmen dieser Untersuchung war es ebenfalls von besonderer Bedeutung, welche Technologie auch den bereits angesprochenen industriellen Kriterien gerecht wird. Dabei schnitt das MYO-Armband bei den meisten Kriterien sehr gut ab. Da es vom Nutzer direkt am Arm getragen wird, ist dem System zu jedem Zeitpunkt bekannt, welcher der primäre User ist. Weiterhin werden die Gesten über Muskelströme erkannt, wodurch auch die Stabilität und Genauigkeit nicht von äußeren Einflüssen (wie z.B. Strahlung) gestört werden. Lediglich der Trackingbereich konnte hiermit nur eingeschränkt abgedeckt werden, da nur die Armlänge des Nutzers genutzt werden kann. Dies sollte für den im Folgenden beschriebenen ersten Prototyp jedoch durch eine Sensor-Fusion, also die Kopplung mehrerer Sensoren, mittels Myo-Armband und Kinect ausgeglichen werden.

8.2 Aufbau von MoviA

Um einen geeigneten Einsatz innerhalb der virtuellen Absicherung zu liefern, sollte der Prototyp vor allem zwei Kriterien erfüllen – eine hohe Mobilität und eine bestmögliche Intuitivität. Wie bereits in Kapitel 3.2.5 und 8.1.3 erläutert, wurde zur Erfüllung dieser Kriterien zuvor eine Analyse der am Markt zur Verfügung stehenden Consumer-Lösungen durchgeführt. Mit Zuhilfenahme der in Kapitel 8.1.2 eingeführten Kriterien zur Auswahl geeigneter Technologien, wurde die entsprechende Hardware ermittelt. Wie zuvor erläutert, war es notwendig, ein geeignetes Anzeigemedium zu finden, aber auch die geeignete am Markt verfügbare Technologie zur Interaktion. Den schematischen und zusammengeführten Aufbau, und damit den Aufbau von MoviA, aus den zuvor festgelegten Technologien zeigt die folgende Abbildung:

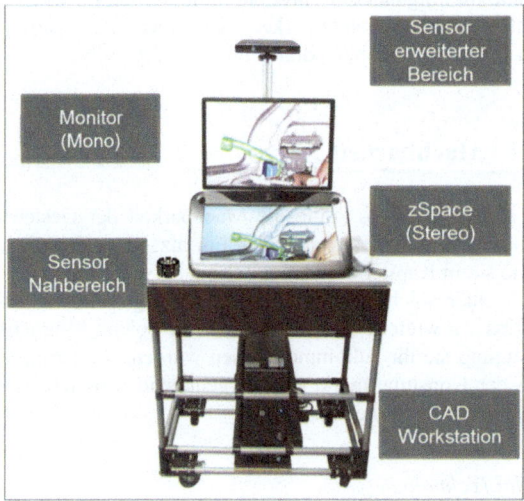

Abb. 56: Aufbau von MoviA (Fleischmann et al. 2015, S.121)

Für den visuellen Aspekt war der Einsatz von einem stereoskopischen Anzeigegerät von Bedeutung, um das intuitive Gefühl des Greifens zu verstärken (vgl. Gewichtung in Tab. 7). Als geeignetes Anzeigemedium wurde hierbei das zSpace ausgewählt, da es durch die Möglichkeit der stereoskopischen Sicht einen hohen Grad der Immersion ermöglicht. Der Nutzer bekommt verstärkt das Gefühl, nach den virtuellen Daten *greifen* zu wollen, wodurch die Interaktion erleichtert wird. Zusätzlich wurde die Wahl des zSpace durch das integrierte Head-Tracking verstärkt, da so die Kopfbewegung des Betrachters verfolgt werden kann und einen wesentlich realistischeren Eindruck der Szene ermöglicht. Aufgrund der Tatsache, dass lediglich eine begrenzte Anzahl an Nutzern in der Lage ist, die stereoskopische Sicht auf dem 3D-Monitor zu betrachten, wurde ein weiterer Desktop-Monitor oberhalb des zSpace angebracht, der denselben Inhalt in einer Mono-Ansicht zeigt. Dieser unterstützt die Gruppenarbeit dahingehend, als dass es einen primären Nutzer unmittelbar vor dem zSpace gibt und weitere Gruppenmitglieder zeitgleich die Einbauuntersuchung am Desktopmonitor ohne Brille betrachten können. Da in diesem Fall drei Bilder gleichzeitig berechnet werden müssen, wurde an dieser Stelle eine leistungsstarke CAD Workstation gewählt. Um die Mobilität hierbei zu gewährleisten, steht dieser Rechner auf einem fahrbaren Unterbau. Der Planer ist somit in der Lage, die virtuellen 3D-Informationen direkt an der Linie verfügbar zu machen und Mitarbeiter des Shopfloor so in die Planungsprozesse aktiv zu integrieren. Aber auch die Kommunikation der Planer untereinander wird durch diesen mobilen Aufbau erleichtert. Besprechungen mit 3D-Modellen müssen nicht mehr ausschließlich in Caves stattfinden, sondern können auch am Tisch im Besprechungsraum oder am Arbeitsplatz durchgeführt werden.

Für den intuitiven Aspekt wurden mit Hilfe der Gestensteuerung verschiedene Szenarien erprobt, welche im Folgenden in ihrer chronologischen Entwicklungsfolge vorgestellt werden sollen. Dabei ist anzumerken, dass über alle Prototypen hinweg der Aufbau mit Ausnahme des Eingabemediums unverändert bleibt.

8.3 Prototyp 1 - Machbarkeit

Im Rahmen des ersten Prototyps sollte die Machbarkeit der Gestensteuerung untersucht werden. Hierbei wurde noch nicht der Einsatz einer intuitiven Gestensprache berücksichtigt, wie sie in Kapitel 6 und Kapitel 7 untersucht wurde. Es sollte lediglich die Umsetzbarkeit einer solchen Technologie aufgezeigt werden. Dabei war es von besonderem Interesse, inwiefern die Mitarbeiter eine solche Möglichkeit akzeptieren und wieviel Bedeutung sie ihr zukommen lassen würden. Weiterhin sollte auch überprüft werden, ob der Consumermarkt aktuell genügend Möglichkeiten aufweist, um eine solche Steuerung zu implementieren.

8.3.1   Gewählte Technologie

Ausgehend von dem Technologiescreening aus Kapitel 8.1.3, mit dessen Hilfe geeignete Technologien identifiziert wurden um eine Gestensteuerung in Kombination mit 3D-Visualisierungen zu ermöglichen, wurde in diesem Fall eine Kombination zweier unterschiedlicher Sensoren gewählt, da dies notwendig ist um alle gestellten Anforderungen, wie z.B. Stabilitätsaspekte oder den Umfang des Trackingbereichs, zu erfüllen. Dabei ist in diesem Fall einer der Sensoren für die Erfassung der translatorischen Bewegungen und damit des erweiterten Trackingbereiches verwendet worden, wäh-

8.3 Prototyp 1 - Machbarkeit

rend ein zweiter Sensor den Nahbereich und damit Detail- und Rotationsbewegungen erfasst. Durch diese Aufteilung wird sowohl die Aufnahme detaillierter Armbewegungen, inklusive der Drehbewegungen, als auch im entfernteren Bereich, verschiedene Ganzkörperbewegungen des Nutzers ermöglicht. Die Nutzung zweier Sensoren bietet verschiedene Vorteile: zum einen führt die Sensor-Fusion zu einer großen Menge an Bewegungsdaten, die eine stabile Anwendung ermöglichen und zum anderen erfüllt der Aufbau, zur Sicherstellung der Stabilität, die Anforderungen an das Redundanzprinzip. Wird beispielsweise während der Nutzung ein Sensor durch den sich bewegenden Anwender verdeckt, so kann das System, mittels der durch den zweiten Sensor erfassten Daten, weiterverwendet werden. Der Ausfall des Sensors kann also kompensiert werden.

Für den Fernbereich wurde die Kinect der Firma Microsoft als beste Lösung ermittelt. Mit Hilfe ihres Tiefensensors ist sie in der Lage, ein Ganzkörpertracking vorzunehmen und weiträumige Bewegungen zu erfassen. Diese Technologie eignet sich insbesondere für große Trackingbereiche, wie sie z. B. auch in Caves vorzufinden sind. Um auch den Nahbereich genauer abdecken zu können, wurde hier das MYO-Armband der Firma Thalmic Labs verwendet. Dieses verfügt (wie in Kapitel 3.2.3 beschrieben) über die Möglichkeit, Bewegungen über einen Beschleunigungssensor zu erfassen und über das Messen von Muskelströmen die Erkennung von Gesten zu ermöglichen. Hierfür wird das MYO-Armband vom jeweiligen primären Nutzer direkt am Arm getragen. Die Kombination dieser beiden Sensoren führt somit zu einem relativ stabilen Tracking der Bewegungen des Nutzers (Pankow 2015, o.S.*).*

Diese Daten wurden bei diesem Anwendungsfall softwareseitig durch die ic.ido-Software der esi Group verarbeitet. Die Software ist durch die häufige Verwendung in Caves und ihrer hohen Qualität im Bereich der Visualisierung für den Anwendungsfall der virtuellen Absicherung besonders geeignet. Weiterhin verfügt sie über ein integriertes, virtuelles Handmodell, welches den realitätsnahen Aspekt noch verstärkt und bietet darüber hinaus ein für die Gestenbedienung in besonderem Maße geeignetes Menü in Form eines Ringes, welches in der folgenden Abbildung aufgezeigt ist.

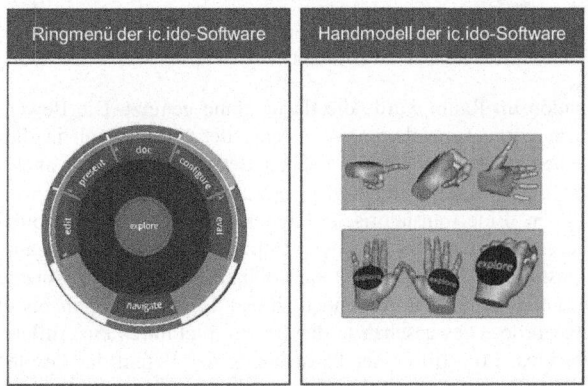

Abb. 57: Ringmenü und virtuelles Handmodell der ic.ido-Software der esi Group

Durch die Nutzung eines Tortenmenüs wird die Selektion einzelner Funktionen durch Gesten vereinfacht. Die ic.ido-Software ermöglicht es dem Nutzer, vorab einen sogenannten Favoritenring zu erstellen, wobei die am häufigsten genutzten Funktionen (die beispielsweise während einer virtuellen Absicherung benötigt werden) auf die oberste Schaltfläche gelegt werden können und so für den Anwender einfach erreichbar sind. Dies können beispielsweise Funktionen wie der select-Modus zum auswählen beweglicher Bauteile sein, oder aber auch der work-Modus, um gewisse Bauteile oder Baugruppen im virtuellen Raum zu bearbeiten.

Welche Gesten nun Anwendung fanden und weshalb gerade diese ausgewählt wurden, soll im Folgenden beschrieben werden.

8.3.2 Gewählte Gesten

Das MYO-Armband ist in der Lage, eine Vielzahl von Gesten zu identifizieren, die in diesem Anwendungsfall genutzt werden sollten. Dabei handelt es sich um eine Faust, um die flache Hand, das Klappen der Handfläche nach innen, das Klappen nach außen, sowie eine Kippbewegung der Hand die daran erinnert, den Inhalt einer Flasche in ein Glas zu gießen. Der Nutzer wurde in diesem Stadium vor jeder Nutzung dazu aufgefordert, jede dieser Gesten einmal auszuführen, sodass das MYO-Armband entsprechend kalibriert werden konnte. Im folgenden Schritt wurden aus diesem vorhandenen Repertoire Gesten gewählt, die für den in Kapitel 8.1.1 beschriebenen Use Case als intuitiv und sinnvoll angesehen wurden. Die folgende Abbildung zeigt die genutzten Gesten und ihre Bedeutung.

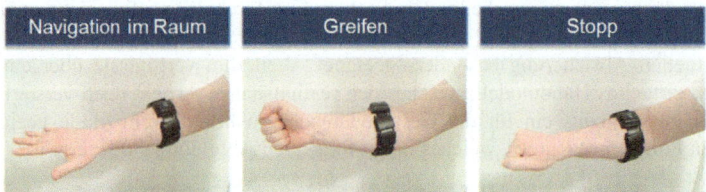

Abb. 58: Gewählte Gesten für den MYO-Prototyp

Für die Navigation im Raum wurde die flache Hand genutzt. Die Bewegung mit der Handfläche nach vorne zeigt dem System, dass der Nutzer auch in diese Richtung navigieren wollte. Neben den translatorischen Bewegungen waren auch rotatorische Bewegungen möglich, welche jedoch für den Nutzer als schwierig anzuwenden wahrgenommen wurden. Eine translatorische Kippung der Szene konnte durch ein seitliches Kippen der Hand ausgelöst werden. Durch das Bilden einer Faust wurde die Flugsituation gestoppt. Für das Greifen eines Objektes musste der Nutzer mit der flachen Hand in die Nähe des zu greifenden (Bau-) Teils navigieren, bis dieses in der Szene markiert wurde. Dies geschah in diesem Beispiel durch ein Aufleuchten des zu greifenden Objektes. Mit Hilfe einer Faust wurde der Befehl des Greifens ausgelöst und der Gegenstand konnte durch Armbewegungen im virtuellen Raum bewegt werden. Durch das Öffnen der Hand wurde das Objekt wieder deselektiert oder losgelassen. Diese drei Gesten reichten zunächst aus, um zu evaluieren, ob eine Gestensteuerung für die angedachten Planungsumfänge sinnvoll ist.

8.3.3 Ergebnisse

Diese hier vorgestellte und entwickelte Gestensteuerung wurde im Rahmen eines Anwenderworkshops getestet und evaluiert. Hierfür wurde der zuvor beschriebene Use Case, also eine Verschraubung der Rückleuchte im Heckbereich eines Golfs, als Szenario gewählt (vgl. Kapitel 8.1.1). Der Nutzer war nun in der Lage, mit Hilfe einer flach ausgestreckten Hand innerhalb der Szene zu navigieren und sich dem zu untersuchenden Verbauort zu nähern. Der virtuelle Schrauber konnte mittels einer natürlichen Greifgeste aufgenommen und im Anschluss bewegt werden. Somit konnte der Schrauber an seinem zukünftigen Verbauort virtuell, mittels einer natürlichen Bewegung, vorab positioniert und der Prozess dadurch immersiv abgesichert werden, da die realen Bedingungen durch die Bedienung mit Gesten noch besser nachgebildet werden konnten. Es konnte gezeigt werden, dass die Bedienung virtueller Planungsinhalte mittels Gesten mithilfe von Consumertechnologien möglich und umsetzbar ist.

Im Verlauf des Workshops konnte eine prinzipielle Nachfrage nach einer solchen Bedienmöglichkeit festgestellt werden. Auch die Umsetzung an sich wurde von den Anwendern als wünschenswert bezeichnet, wobei verschiedene Potenziale und Hinweise für eine Weiterentwicklung aufgezeigt wurden. Ein erster Bedarf wurde im stabilen Tracking gesehen, das aufgrund unterschiedlicher Lichtverhältnisse und der Arbeit mit Tiefensensoren hier nicht immer gegeben ist. Weiterhin ist es für die Zusammenarbeit mehrerer Personen unterschiedlicher Bereiche in der täglichen Anwendung von Vorteil, wenn ein schneller und einfacher Wechsel des Primäranwenders möglich ist, was hierbei aufgrund der Weitergabe und notwendigen Kalibrierung des MYO-Armbandes an jeden weiteren Nutzer zu Verzögerungen geführt hat.

8.4 Prototyp 2 - Nutzerstudie

Der zweite Prototyp sollte versuchen, insbesondere dem Wunsch eines schnelleren Anwenderwechsels nachzukommen sowie die in Kapitel 7.4 ermittelten Gesten verstärkt zu berücksichtigen. Die Anforderungen für den im Folgenden beschriebenen Prototyp entstanden vorrangig aus den Ideen und Wünschen der Planer nach dem Test des ersten Prototyps. Die verwendete Software war in diesem Fall ebenfalls die ic.ido-Software der esi Group, wobei nun auch das Ringmenü eingesetzt wurde. Lediglich die Hardware zur Steuerung mittels Gesten musste für diesen Prototyp angepasst werden, um eine devicelose Bedienung zu ermöglichen und somit den Anforderungen des vorangegangenen Prototyps gerecht zu werden, indem ein schneller und einfacher Userwechsel möglich wird.

8.4.1 Gewählte Technologie

Bei Betrachtung der Tab. 8 wird deutlich, dass der Leap Motion Controller als Medium zur Interaktion nahe lag, da hierbei lediglich mit optischem Infrarotlicht gearbeitet wird und somit keine Übergabe eines Devices an den primären User notwendig ist. Weiterhin ermöglicht das relativ genaue Fingertracking eine Vielzahl an ausführbaren Gesten. Dies war auch einer der Gründe, weshalb der Leap Motion Controller als besser geeignet aufgefasst wurde als die Kinect, die einzelne Gesten primär über große Bewegungen, nicht aber über einzelne Handgesten erkennt. Es reichte aus, wenn der Radius unmittelbar vor dem Planungstisch MoviA durch das Tracking abgedeckt wurde, weshalb eine Betrachtung des Trackingbereichs vernachlässigt werden konnte.

8.4.2 Gewählte Gesten

Der Anwendungsfall für diesen Prototyp war ebenfalls die Rückleuchtenverschraubung, wie sie zuvor beschrieben wurde, jedoch mussten die Gesten an dieser Stelle so definiert werden, dass sie den Kriterien und damit den Ergebnissen aus Kapitel 7.4 entsprechen, um nun auch eine möglichst intuitive Bedienung zu ermöglichen. Neben den Ergebnissen aus der Untersuchung wurden auch die Stabilität sowie die technologischen Möglichkeiten bei der Erkennung der Geste berücksichtigt, um ein zuverlässiges Tracking zu erlauben. Die folgende Abbildung zeigt die gewählten Gesten:

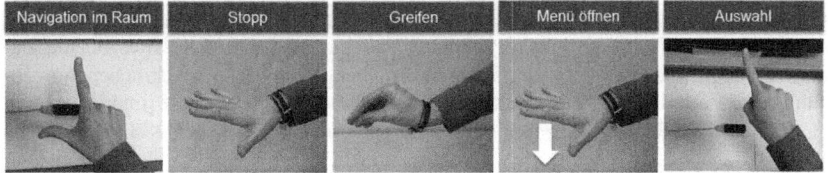

Abb. 59: Gewählte Gesten für den Prototyp 2

In diesem Fall wurde für die Navigation im Raum als Geste der ausgestreckte Zeige- und Mittelfinger gewählt, da davon auszugehen ist, dass diese für den Anwender leicht umzusetzen ist, da der Flug der Spitze des ausgestreckten Zeigefingers folgt. Zum Anhalten der Navigation wurde in diesem Fall die ausgestreckte, flache Hand gewählt. Das Greifen erfolgte bei diesem Prototyp über das Zusammenführen der Finger. Von einer Faust wurde in diesem Beispiel Abstand genommen, um den internationalen Aspekt zu berücksichtigen, da in vielen Ländern die Faust als Geste der Aggression aufgefasst wird (vgl. Kapitel 7.5.3). Für das Öffnen des Menüs wurde eine wellenartige Bewegung der flachen Hand nach unten vorgenommen, die Auswahl innerhalb des Menüs erfolgt mit einem ausgestreckten Zeigefinger. Schließen des Menüs oder das Beenden einer Funktion geschah prinzipiell über die Stopp-Geste. Da diese Gesten bereits zuvor in Kapitel 7.4 als intuitiv für den Nutzer definiert wurden, konnte davon ausgegangen werden, dass es dem Nutzer ohne große Erläuterung möglich sein sollte, mit dem System zu interagieren.

8.4.3 Nutzerstudie

Eine Nutzerstudie sollte Aufschluss darüber geben, wie intuitiv eine solche Bedienmöglichkeit des zweiten Prototyps für den Nutzer wirklich ist und welche Anforderungen aktuell an das System und an die Bedienung gestellt werden[24]. Insgesamt haben 13 Testpersonen an dieser Studie teilgenommen, die hauptsächlich aus dem Bereich der Planung kamen und somit bereits Erfahrung im Umgang mit Planungssoftware hatten. Dabei waren acht Testpersonen männlich und fünf Testpersonen weiblich. Zwölf davon gaben an, dass rechts ihre starke Seite sei, nur eine Person gab die linke Seite als ihre dominante an. Zu Beginn jeder Untersuchung wurde die jeweilige Testperson nach den Kenntnissen zu verschiedenen Technologien, wie beispielsweise dem Umgang mit einer Kinect oder anderen Consumertechnologien, befragt. Aber auch die Erfahrung mit CAD-Tools war hierbei von Interesse, da davon ausgegangen werden kann, dass eine Orientierung im 3D-Raum einfacher fällt, wenn diese Art der Visualisierung bekannt ist. Die Ergebnisse sind in der folgenden Abbildung zu sehen:

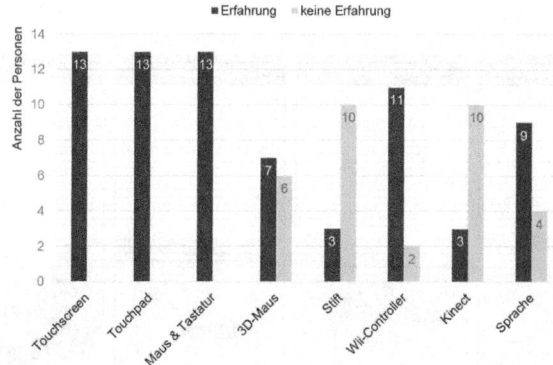

Abb. 60: Erfahrung der Testpersonen zu verschiedenen Technologien

Dabei fällt auf, dass der alltägliche Umgang mit Smartphones, Tablets und Computern sich in der Erfahrung der Testpersonen mit unterschiedlichen Technologien widerspiegelt. Die weit verbreiteten Features wie Touchbedienung sowie Maus und Tastatur waren allen Probanden bekannt, während zum Umgang mit Technologien zur Bedienung mit Gesten lediglich begrenztes Vorwissen vorhanden war. Hierbei sei beispielsweise die Kinect von Microsoft genannt, bei der lediglich drei der dreizehn Probanden angaben, Erfahrung mit dieser Technologie zu haben. Vor Durchführung der Nutzerstudie wurde ein Pretest erhoben, bei dem drei Teilnehmer den Versuchsab-

---

[24] Vgl. **Fleischmann, A.-Ch. (2015).** *Virtuelle Absicherung als Kommunikationsplattform für Shopfloor und Planung. In :Schenk. M. (Hrsg.): Digitales Engineering zum Planen, Testen und Betreiben technischer Systeme (Tagungsband – 18.IFF-Wissenschaftstage), Magdeburg: fraunhofer-Institut für Fabrikbetrieb und – automatisierung IFF, S.86f.*

lauf bewerteten und somit Anpassungen vorab vorgenommen werden konnten. Den Anwendern wurden vier verschiedene Aufgaben gestellt, wobei es das Ziel war, den gewählten Use Case der Heckleuchtenverschraubung am Ende mittels der Gestensteuerung durchführen zu können. Dabei wurde stets zunächst die Aufgabe durch den Versuchsleiter detailliert vorgelesen, sowie die für den Aufgabenteil benötigten Gesten vorgestellt. So lautete ein Teil der ersten Aufgabe beispielsweise: „Baue das rechts dargestellte Bild so gut wie möglich mithilfe der Bauklötze nach. Es können nur die gelben Bauklötze bewegt werden." Diese Aufgabenstellung wurde erst nach dem Pretest in die hier genannte Form gebracht. Zu Beginn fehlte der Anweisung der Zusatz „so gut wie möglich". Dieser wurde aufgrund von Schwierigkeiten bei der genauen Platzierung hinzugefügt. Ähnliche Anpassungen fanden auch für die Aufgabe vier statt. Hier wurde zur Verkürzung der Versuchszeit die sogenannte Snapping-Funktion für den Schrauber aktiviert, die den Schrauber ab einem gewissen Radius um den Verbauort herum automatisch in die Endposition bringt. Weiterhin wurden stets die Gesten die keine Verwendung fanden, vor den Teilaufgaben vom Versuchsleiter deaktiviert, sodass keine ungewollten Befehle ausgelöst werden konnten. Bei den Aufgaben wurde eine sukzessive Herangehensweise gewählt, wie sie in der folgenden Abbildung zu sehen ist.

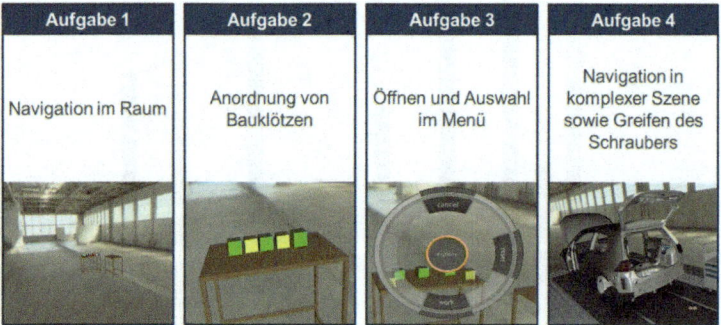

Abb. 61: Die im Rahmen der Nutzerstudie zu bearbeitenden Aufgaben

Der Nutzer war dabei zunächst aufgefordert einen virtuellen Flug innerhalb der Szene vorzunehmen, wobei es das Ziel war, in die Nähe des Tisches am Ende der Halle zu gelangen. Hier schloss sich die zweite Aufgabe an, da die Bauklötze, die sich ungeordnet auf dem Tisch befanden, in die hier dargestellte Reihenfolge gebracht werden sollten. Dafür musste die *Greifen* - Funktion gewählt werden. In einer dritten Aufgabe sollte der Menüring geöffnet, sowie eine Auswahl innerhalb dieser Funktion getroffen werden. Die vierte Aufgabe vereinte die zuvor einzeln beschriebenen Funktionen. Zu sehen war eine komplexe Szene mit einer Karosse, um die zunächst *herumnavigiert* werden sollte, um anschließend im Heckbereich zu *stoppen*, einen Schrauber zu *greifen* und virtuell die angesprochene Heckleuchtenverschraubung durchzuführen.

Im Rahmen der Studie wurden unter anderem zwei standardisierte Usability-Tests herangezogen, der SUS (System Usability Scale) sowie der UEQ (User Experience Questionnaire). Beide Tests sind dabei den quantitativen Forschungsmethoden zuzu-

8.4 Prototyp 2 - Nutzerstudie

ordnen. Beim SUS wird primär das subjektive Empfinden zum System abgefragt (Brooke 1996, S.189ff. und Brooke 2013, S.29ff.). Fragen wie „Ich denke, dass ich die Gestensteuerung gerne häufig benutzen würde" oder „Ich fand die Gestensteuerung unnötig komplex" wurde auf einer fünfstufigen Likert-Skala von „Stimme gar nicht zu" bis hin zu „Stimme voll und ganz zu" bewertet. Insgesamt umfasst der Fragebogen zehn Aussagen, wobei je fünf dieser Aussagen davon positiven und fünf negativen Empfindungen entsprechen. Die unterschiedlichen Aussagen werden mit null bis vier Punkten bewertet. Die positiven Aussagen werden bei voller Zustimmung mit vier Punkten und bei Ablehnung mit null Punkten bewertet. Umgekehrt bei den negativen Aussagen. Hier wird die Ablehnung mit vier und die volle Zustimmung mit null Punkten abgebildet. Die erzielten Punkte werden addiert und dann mit dem Faktor 2,5 multipliziert, was dem SUS-Score in Prozent entspricht. Die Ergebnisse der SUS-Studie sind in den folgenden zwei Grafiken abgebildet:

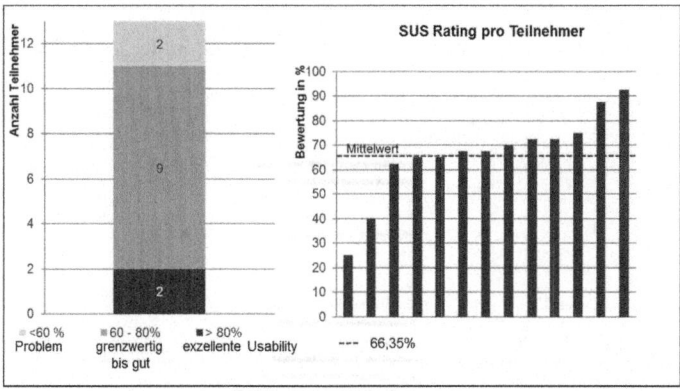

Abb. 62: Ergebnisse des SUS-Fragebogen

Links sind die Bewertungen der Probanden zu Bereichen zusammengefasst dargestellt, um zu zeigen, wie die Usability des Systems im Allgemeinen bewertet wird. Zu sehen ist, dass der Großteil der Befragten, neun von dreizehn Personen, einen Wert zwischen 60 und 80 Prozent angegeben hat. Dabei handelt es sich um den Bereich der als grenzwertige bis hin zu guter Usability interpretiert werden kann. Werte die kleiner als 60 Prozent sind, deuten darauf hin, dass erhebliche Probleme bei der Nutzbarkeit eines Systems empfunden werden. Dieses Empfinden teilten zwei der Probanden, während die verbleibenden zwei Testpersonen Werte über 80 Prozent angaben. Dies spricht für eine gute bis exzellente Usability. Im rechten Teil der Abbildung sind die Ergebnisse für die einzelnen Probanden abgebildet. Um eine gute Einschätzung der durchschnittlichen Bewertung der Usability zu erhalten, bietet sich die Betrachtung des Mittelwerts an. Dieser beträgt hierbei 66,35 Prozent. Die Standardabweichung stellt den Wert der mittleren Abweichung der einzelnen Werte der Stichprobe zum Mittelwert dar und liegt bei 17,61 Prozent. Aufgrund der Tatsache, dass der SUS-Test lediglich einen Überblick über die Usability eines Systems geben kann, wurde die Nutzerstudie um den UEQ-Fragebogen ergänzt.

Der UEQ besteht aus einer bipolaren Skala, wobei die Testperson in diesem Fall auf einer 7-stufigen Likert-Skala ihre Präferenz angibt und der Skala zuordnet. So konnten 26 verschiedene Items abgefragt werden, die im Anschluss daran 6 Attributen zugeordnet werden konnten. Diese sechs Attribute waren: *Attraktivität, Durchschaubarkeit, Effizienz, Steuerbarkeit, Stimulation* sowie *Originalität* (Laugwitz, Held & Schrepp 2008, S.63ff.). Dabei beschreibt die Attraktivität den Gesamteindruck des Produktes, den ein Anwender während des Tests hat. Die Durchschaubarkeit bildet die Einfachheit der Nutzung des Systems ab, also wie schnell sich ein Anwender an die Nutzung des Systems gewöhnen kann. Die Effizienz gibt Aufschluss darüber, inwiefern der Anwender effizient die ihm gestellten Aufgaben lösen kann. Die Steuerbarkeit zeigt, inwiefern der Anwender das Gefühl hat, das System beeinflussen zu können. Die Stimulation beschreibt, wie interessant die Nutzung des Systems ist und die Originalität steht für die Neuartigkeit des Produktes (Schrepp, Hinderks & Thomaschewski 2011, S.1ff.).

Die Ergebnisse des Nutzertests zur Gestensteuerung sind in der folgenden Abbildung zu sehen:

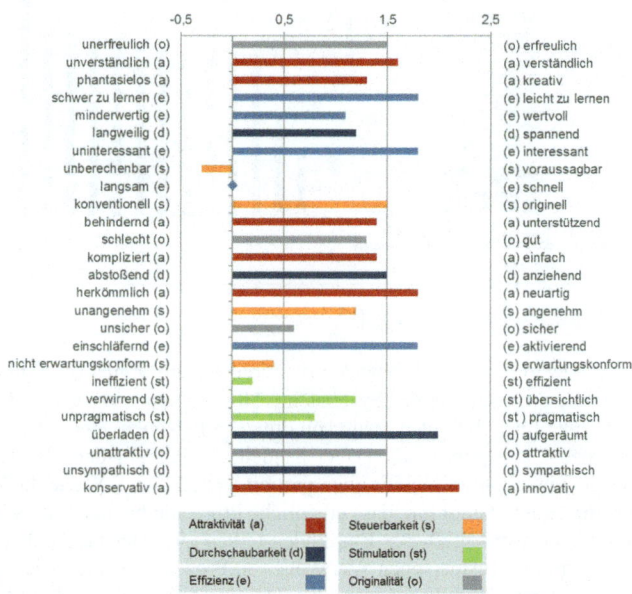

Abb. 63: Ergebnisse der einzelnen Items des UEQ-Tests

Die Abbildung zeigt den Mittelwert der einzelnen Ergebnisse der abgefragten Items auf. Auch hier weisen die Werte zwischen -0,8 und 0,8 auf eine neutrale Bewertung hin, während Werte darüber für eine positive und Werte darunter für eine negative Bewertung stehen (vgl. Kapitel 5). Dabei fallen besonders die Items *leicht zu lernen, interessant, neuartig, aufgeräumt* und *innovativ* auf, da sie eine deutlich positive Be-

8.4 Prototyp 2 - Nutzerstudie

wertung aufweisen. Eine negative Ausprägung wies lediglich das Item „unberechenbar" auf. Eine neutrale Bewertung erhielt die Geschwindigkeit der Anwendung. Die farbige Unterscheidung sowie die Zuordnung der Buchstaben, die der Legende zu entnehmen ist, zeigt die Aufteilung dieser Items und die Zuordnung zu den entsprechenden Attributen auf. Eine weitere Möglichkeit, die Usability des Systems zu bestimmen ist die Gegenüberstellung der Ergebnisse mit anderen durchgeführten Studien. Ein solcher Benchmark kann hilfreich sein um zu erkennen, wie weit das eigene Produkt die Usability-Anforderungen bereits erfüllt. Die Ergebnisse zu dieser Gegenüberstellung sind in der folgenden Abbildung zu sehen.

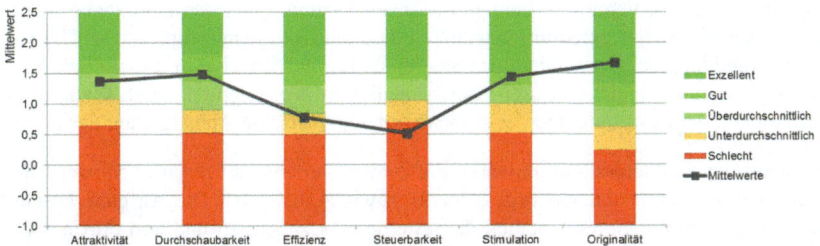

Abb. 64: UEQ-Benchmark der Gestensteuerung zu 163 Studien

Für die einzelnen Skalen wurden fünf Unterteilungen vorgenommen, mit deren Hilfe das Ergebnis interpretiert werden kann. Diese sind *Exzellent, Gut, Überdurchschnittlich, Unterdurchschnittlich* und *Schlecht*. Dabei fallen Ergebnisse die zu den besten 10 Prozent der Vergleichsgruppe gehören in die Kategorie *Exzellent*, *Gut* entspricht einem Ergebnis, bei dem 10 Prozent der Bewertungen besser und 75 Prozent schlechter als das eigene Ergebnis sind. *Überdurchschnittlich* bedeutet, dass 25 Prozent der Ergebnisse besser und 50 Prozent der Ergebnisse schlechter sind, während *Unterdurchschnittlich* für 50 Prozent bessere und 25 Prozent schlechtere Bewertungen steht. Der Bereich *Schlecht* umfasst die schlechtesten 25 Prozent. Die schwarze Linie innerhalb der Abbildung zeigt das Ergebnis der Gestensteuerung im Vergleich zur Benchmarkgruppe mit 4818 befragten Personen aus 163 verschiedenen Studien zu unterschiedlichen Produkten (Schrepp, Olschner & Schubert 2014, o.S.). Dabei fällt auf, dass die Gestensteuerung in allen Bereichen mit Ausnahme der *Effizienz* und *Steuerbarkeit* mit der Bewertung *Überdurchschnittlich* bis *Exzellent* abschneidet. Aber auch das exzellente Ergebnis bei der Originalität einer solchen Bedienmöglichkeit zeigt die Akzeptanz und Bereitschaft der Anwender, zukünftig mit einer Gestensteuerung arbeiten zu wollen.

Bei der relativ schlechten Bewertung der Gestensteuerung bei der Steuerbarkeit ist mit hoher Wahrscheinlichkeit davon auszugehen, dass dies dem Prototypenstatus geschuldet ist, der in diesem Bereich eine Weiterentwicklung der Gestensteuerung zu einem stabilen System erforderlich macht. Jedoch kann auch darauf geschlossen werden, dass die Anwender bei der Bedienung mittels Gesten sich noch nicht sicher genug fühlen, da die Gestensteuerung nicht so genau arbeitet, wie es der Anwender von der Mausbedienung gewohnt ist.

8 MoviA – Mobile virtuelle Absicherung

Aus diesem Grund wurde eine Studie durchgeführt, bei der insbesondere die Steuerbarkeit validiert werden sollte. Hierbei wurde der Faktor Zeit gegen den Faktor der Positionsgenauigkeit aufgeführt. Das Ergebnis sollte Aufschluss darüber geben, ob eine Gestensteuerung noch sehr weit von der gewohnten Positionsgenauigkeit der Maus entfernt ist, wodurch dem Nutzer womöglich aktuell das Gefühl gegeben wird, dass eine gezielte Steuerung der virtuellen Inhalte nicht möglich erscheint. Es wurden dieselben Testpersonen aus der in Kapitel 5 erläuterten Studie befragt.

Insgesamt bestand die Nutzerstudie aus drei Teilen: der Bedienung virtueller, auf einem Tisch positionierten Würfel mit einem Stylus/Stift des zSpace, einer 3D-Maus und einer Gestenbedienung mit einem optischen System. Für jeden Durchgang wurde das zSpace als Ausgabemedium gewählt, sodass eine 3D-Sicht möglich war. Die folgende Abbildung zeigt den Inhalt der Studie aus Kapitel 5, wobei in diesem Fall nicht der Attraktivitätsabgleich der drei Eingabemedien im Vordergrund stand, sondern die Genauigkeit der Positionierung der beiden vorderen Würfel in Abhängigkeit der Zeit.

Während der Ausgangssituation waren die beiden vorderen Würfel im benutzernahen Bereich des Tisches platziert (vgl. Abb. 37 sowie Anhang B). Die Aufgabe bestand darin, in der mittleren, als Schatten dargestellte Box zu starten und von dort aus zunächst die eine Box zwischen zwei der hinteren Boxen zu platzieren und im Anschluss die zweite Box einzuordnen. Während der gesamten Durchführung wurden Zeit und Distanz der beiden Boxen gemessen (oben links im Bild). Die folgende Abbildung zeigt die Auswertung der Ergebnisse einer Bedienung mit Geste, Stift und 3D-Maus nach Zeit und Position, wobei über die Ergebnisse der jeweiligen Testpersonen der Mittelwert sowohl über die Positionsabweichung als auch über die Zeit bestimmt und im Diagramm aufgetragen wurde:

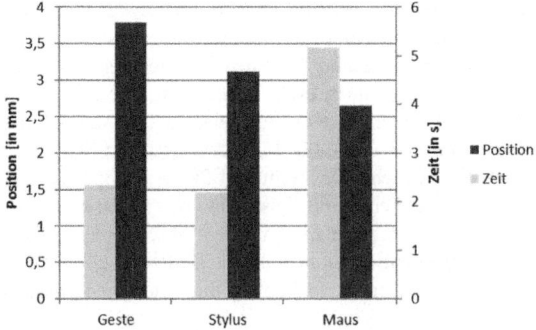

Abb. 65: Ergebnis zur Validierung der Ergebnisse zur Steuerbarkeit

Dabei fällt auf, dass die Gestensteuerung mit durchschnittlich 3,79 mm Positionsabweichung den größten Unterschied aufweist. Es folgt die Bedienung mit dem Stift mit 3,12 mm sowie der 3D-Maus mit der besten Positionierung mit 2,65 mm. Jedoch ist ebenfalls anzumerken, dass die Zeit, die zur Positionierung des Würfels mit der 3D-Maus benötigt wurde (5,17 s), im Vergleich zum Stift mehr als doppelt so lang war

8.4 Prototyp 2 - Nutzerstudie

(2,19 s). Die Positionierung mit der Gestensteuerung erfolgt innerhalb von 2,34 s. Insgesamt hat also die Bedienung mit dem Stylus hierbei am besten abgeschlossen, da die Positionierung am schnellsten erfolgte und vergleichsweise genau ausgeführt werden konnte. Die Bedienung mit der 3D-Maus hat vergleichsweise viel Zeit in Anspruch genommen, jedoch war die Positionsgenauigkeit sehr hoch. Auch, wenn die Positionsabweichung mit der Gestensteuerung vergleichsweise hoch war, so war der zeitliche Aufwand bei dieser Bedienung äußerst gering.

Insgesamt kann festgestellt werden, dass alle drei Bedienelemente nicht sehr weit voneinander abweichen. Verglichen mit den Ergebnissen des SUS und UEQ-Tests lässt sich ableiten, dass auch kleinste Abweichungen in der Positionsgenauigkeit dem Nutzer das Gefühl geben können, dass die Bedienung nicht so genau oder exakt auszuführen ist, wie beispielsweise mit einer Maus. Durch die hohen erreichten Werte bei den Attributen Attraktivität und Originalität der Gestensteuerung beim UEQ ist jedoch davon auszugehen, dass diese Art der Bedienmöglichkeit trotz der vergleichsweise großen Positionsabweichung eine hohe Akzeptanz bei den Nutzern erreicht, sobald die verfügbare Technologie eine exaktere Arbeitsweise zulässt (vgl. Kapitel 5).

Hier ist die große Diskrepanz zwischen den relativ guten Ergebnissen aus Kapitel 5 und der Nutzerstudie in diesem Kapitel zu nennen. Es ist zu vermuten, dass diese aus der Komplexität der Aufgabenstellungen resultieren. Je komplexer die geforderten Bewegungsabläufe sind, desto größer wird die gefühlte Ungenauigkeit. Die Testpersonen empfanden die Steuerbarkeit beim einfachen Greifen als durchaus innovativ und verlässlich, während bei der komplexen Schraubfalluntersuchung die Genauigkeit bemängelt wurde. Dies liegt wahrscheinlich an der nun erforderlichen, zeitgleichen Kombination von translatorischen und rotatorischen Bewegungen, was bedeutet, dass die Gestensteuerung aktuell noch nicht zur exakten Nachbildung realer Bewegungsabläufe ausreicht und somit nicht als einziges Werkzeug für Planer empfohlen werden kann. Es ist jedoch auch anzumerken, dass es im Rahmen dieses Kontextes nicht erforderlich sein sollte, eine möglichst genaue Positionierung vorzunehmen, sondern lediglich die Kommunikation bei Planungsinhalten unterstützt und verbessert werden sollte. Eine schnelle und einfache Bedienmöglichkeit stand also als Anforderung vor der Genauigkeit im Fokus, welcher der hier beschriebene Prototyp durchaus gerecht wurde.

Im Rahmen des „Think Aloud", welches während der gesamten Nutzerstudie notiert wurde, konnten darüber hinaus qualitative Aussagen erhoben werden. Die getroffenen Äußerungen wurden dabei vom Versuchsleiter protokolliert und später ausgewertet und zu den verschiedenen Themenclustern *Gestensteuerung allgemein*, *Navigation*, *Greifen*, *Tracking* und *Ergonomie und Immersion* zusammengefasst. Abb. 66 zeigt die elf Aussagen, die am häufigsten getroffen wurden.

Ähnlich den Ergebnissen des Benchmarks ist auch hier die Steuerbarkeit des Systems noch verbesserungswürdig. Die Aussagen wie „Die Gestensteuerung ist gewöhnungsbedürftig" beziehungsweise „fehleranfällig bei komplexen Bewegungen" unterstützen diese Resultate. Dennoch gab es auch beim Think Aloud hauptsächlich positives Feedback wie „Die Bedienung mit der Gestensteuerung macht Spaß", was die Ergebnisse aus dem Benchmark stützt und aufzeigt, dass zukünftig eine Planung mit einer solchen Bedienmöglichkeit wünschenswert ist.

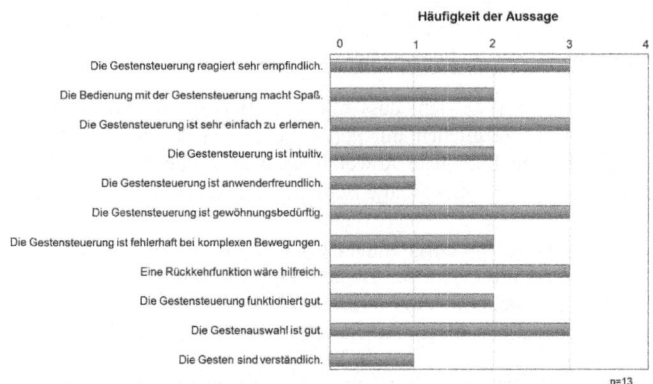

Abb. 66: Auswahl von qualitativen Aussagen während der Nutzerstudie

Weiterhin wurde über die Aufgaben eins bis drei eine Zeitmessung je Teilaufgabe vorgenommen, um die Effizienz der Aufgabenerfüllung messen zu können. Da die Werte dieser Untersuchung jedoch einer sehr großen Streuung unterliegen und dadurch keine Tendenz festzustellen ist, sollen sie im Rahmen dieser Arbeit nicht weiter berücksichtigt werden.

Abschließend zur Nutzerstudie kann festgehalten werden, dass der Prototyp zur Gestensteuerung bereits in diesem frühen Stadium gute Werte im Bereich der User Experience erreicht. Durch die Verbesserung der Techniken am Markt und der genutzten Software sollten bisher negativ bewertete Attribute wie die *Steuerbarkeit* wesentlich verbessert werden können. Dadurch würde das System stabilisiert werden und die Akzeptanz für den täglichen Gebrauch im Planungskontext gesteigert werden. Jedoch konnte der geringe Mittelwert bei der Steuerbarkeit wiederum durch eine weitere Studie validiert werden, indem mittels verschiedener Eingabemedien Zeit und Position gegenübergestellt wurden und nur minimale Abweichungen festgestellt werden konnten. Eine Steigerung der Positionsgenauigkeit wäre für eine größere Akzeptanz der Gestensteuerung wünschenswert. Prinzipiell ist jedoch festzuhalten, dass der Wunsch nach einer solchen intuitiven Bedienmöglichkeit mehrfach im Rahmen der Studie geäußert wurde. Aus diesem Grund sind weitere Verbesserungen der Steuerung und Bedienbarkeit sinnvoll, wobei nun auch auf die Möglichkeit einer zweihändigen Bedienung geachtet, als auch die Möglichkeit einer „Zurück-Funktion", als Feedback aus dem Think Aloud, gegeben werden sollte.

8.5 Exkurs – Weiterentwicklung

Um die Gestensteuerung auch für weitere Planungssysteme nutzen zu können, wurde diese an eine weitere Software angepasst. Hierbei handelte es sich um das Siemens Tool „Process Simulate". Dadurch war es möglich, die gängigen und alltäglichen Planungsaufgaben mit einer Gestensteuerung zu bewältigen. Da es sich bei der gewählten Software jedoch nicht um eine reine Visualisierungssoftware handelt, war beispielsweise eine Navigation um die z-Achse nicht möglich. Der Nutzer konnte lediglich in x- und y-Richtung navigieren. Durch diese Adaption auf eine andere Software soll es nun möglich sein, die Gestensteuerung nicht mehr nur für virtuelle Absicherungen im Rahmen der Montage zu nutzen, sondern darüber hinaus ganze Planungsaufgaben mittels dieser Bedienung durchzuführen. In diesem Zusammenhang wurden erstmalig drei Gewerke mit ihren entsprechenden Anwendungsfällen berücksichtigt – die Montage, der Karosseriebau sowie die Logistik.

Abb. 67: Einsatzgebiete und Untersuchungsgegenstand des Prototyps

Für die Montage wurde erneut eine Schraubfalluntersuchung als Anwendungsfall gewählt. Hierbei wurde nun auch zusätzlich ein Menschmodell mit angezeigt, sodass Abstände und Größenverhältnisse vom Nutzer besser wahrgenommen werden konnten.

8.5.1 Gewählte Technologie

Aufgrund der Tatsache, dass nach wie vor der Wunsch nach einem schnellen und einfachen Userwechsel vorherrschte, fiel die Wahl der zur Verfügung stehenden Technologien ebenfalls auf den Leap Motion Controller. Die dynamische Gruppenarbeit konnte dadurch erhalten bleiben und auch die Anzahl der erkennbaren Gesten durch den Leap Motion Controller erschien hierbei ausreichend. Aufgrund der Tatsache, dass Process Simulate über kein Handmodell verfügt, da es als Planungstool und nicht zur Visualisierung von Planungsdaten in stereoskopischer Sicht gedacht ist, wurde zusätzlich der Visualizer von Leap Motion genutzt. Dadurch konnte in einem zweiten Fenster, welches meist in der unteren, rechten Bildschirmecke angeordnet wurde, die aktuell erkannte Hand als Skelettmodell betrachtet werden. Weiterhin diente diese Visulisierung auch als Feedback für den Nutzer. Ein Vorteil dieser Ansicht zeigte sich sehr schnell, da nun die Szene nicht mehr durch die virtuelle Hand verdeckt wurde. In der Montage konnte untersucht werden, ob der aktuell eingeplante Schrauber an dieser Stelle sinnvoll und ob ein einfacher Radwechsel gewährleistet ist. Im Karosseriebau ist eine solche Bedienmöglichkeit dafür angedacht, um beispielsweise Anlagen zuvor sichten zu können. Wie die flache Hand unten rechts im Visualizer zeigt, kann hiermit innerhalb der Szene navigiert und so bestimmte Punkte in der Anlage angesteuert und überprüft werden. In der Logistik ist es häufig eine Herausforderung, sämtliche Warenkörbe dicht an der Linie zu platzieren, ohne Gehwege oder auch Fahrwege zu blockieren. Mit der Greiffunktion (also ein Zeigen des rechten Zeigefingers auf das zu greifende Objekt und der linken Hand als Modifikator zur Faust), ist es nun möglich, die Warenkörbe virtuell in der Szene zu selektieren, zu bewegen und so gemeinsam mit systemunerfahrenen Mitarbeitern, eine Stellflächenplanung vorzunehmen.

8.5.2 Gewählte Gesten

Auch bei diesem Prototyp wurde sich an den zuvor ermittelten Gesten orientiert (vgl. Kapitel 7.4). So findet sich beispielsweise die flache Hand wieder, oder aber auch eine pinch-Geste. Darüber hinaus wurde in diesem Fall auch die Tatsache genutzt, dass die linke Hand als Modifikator dient und dadurch die Anzahl an Gesten erhöht wird (vgl. Kapitel 7.1.2). Für diesen Fall wurde mit Hilfe der linken Hand die Greif-Funktion ausgelöst, während das gegriffene Objekt mit dem rechten Zeigefinger im virtuellen Raum bewegt wird. Die Gesten, die für diesen Prototyp Anwendung fanden, und welche Funktion damit ausgelöst wurde, sind in Abb. 68 zu sehen.

Hierbei dient die flache Hand der Navigation im virtuellen Raum. Dabei sollten die Finger gespreizt sein, sodass das System die einzelnen Fingerpunkte erkennt und dadurch auch den Befehl zur entsprechenden Geste umsetzt. Wie bereits angesprochen, kann hierbei (bedingt durch die Software) lediglich eine Bewegung im Raum in x- und y-Richtung geschehen, weshalb die Bewegung der Hand auch lediglich nach oben, unten, rechts und links sinnvoll ist. Der ausgestreckte rechte Zeigefinger bewegt den Mauszeiger. Dadurch ist es möglich, jegliche Funktion im vorhandenen System zu selektieren und dadurch auch Menüpunkte aufzurufen. Die Drehbewegung mit dem linken Zeigefinger gegen den Uhrzeigersinn dient hierbei dem Aufrufen des nächsten Snapshots. Dies ist besonders für Untersuchungen im Rahmen virtueller Absicherungen eine sinnvolle Funktion, da so die zuvor vorbereiteten Einbausituationen sehr gut über diese Geste aufgerufen und besprochen werden können. Auch, wenn diese Geste so zuvor noch keine Verwendung gefunden hat, so wurde im Rahmen der Weiterentwicklung der Wunsch nach einer Geste geäußert, die eine schnelle Rückkehr zur Ausgangsposition ermöglicht (vgl. Think Aloud Abb. 66). Da die kreisende Bewegung des Zeigefingers für viele Nutzer als „Rückspul-Funktion" angesehen und damit als intuitiv wahrgenommen wurde, fand diese Geste hier erstmals Anwendung. Die pinch-Geste wurde eingesetzt, um den Mauscursor wieder mittig zu platzieren. Da es während der täglichen Arbeit als mühsam empfunden wurde, stets den Mauscursor zu suchen, da dieser als sehr klein und nicht sichtbar empfunden wurde, kann in einem

8.5 Exkurs – Weiterentwicklung

solchen Fall die Startposition des Mauscursors zentral auf dem Bildschirm über die pinch-Geste ausgelöst werden. Die letzte verwendete Geste für diesen Prototyp ist die Greif-Geste. Hierbei wurde auf die bereits erwähnte Modifikator-Funktion zurückgegriffen, bei der die like Hand lediglich den auszulösenden Befehl darstellt, die rechte Hand aber die eigentliche Navigation übernimmt.

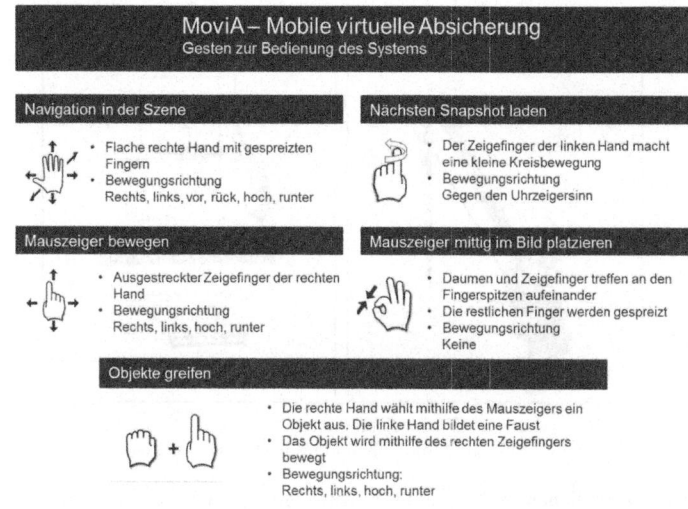

Abb. 68: Gesten für den weiterführenden Prototyp mit der Software Process Simulate

8.5.3 Ergebnisse

Mit der hier vorgestellten Weiterentwicklung wurde im Folgenden eine Feldstudie durchgeführt. Aufgrund der Tatsache, dass das System für unerfahrene Mitarbeiter auf dem Gebiet der 3D-Visualisierung gedacht ist, wird es notwendig sein, diese Gruppe von Mitarbeitern nach entsprechenden Anforderungen zu befragen. Das System zeigt bereits eine sehr hohe Akzeptanz und unterstützt Teamgespräche mit virtuellen Inhalten. Bei einer Vorstellung im Rahmen der Hannover Messe 2015 vor einer größeren Menge von Personen unterschiedlichen Alters und Bildungshintergrundes konnte herausgefunden werden, dass jede Testperson sich nach nur wenigen Minuten selbstständig im System orientieren und Objekte greifen und bewegen konnte. Hierbei hatte jeder Messebesucher die Möglichkeit, selbstständig die Gestensteuerung zu testen und zu bedienen, sodass während der gesamten Messezeit mehrere hundert Personen in einer Altersspanne von ca. 7 Jahren bis 80 Jahren das System genutzt haben. Dabei konnte erstmalig ein breiterer Einsatz einer solchen Bedienung getestet werden.

Diese Intuitivität und spielerische Art des Systems soll den Know-How-Transfer erleichtern und unterstützen. Es liegt nun in einem nächsten Schritt daran, das System nach den Anforderungen der Linienmitarbeiter anzupassen und zu verbessern. Dabei wurde bereits der Wunsch nach einem haptischen Feedback (wie es in Kapitel 2.2.4 anhand des mechanischen Trackingverfahrens bereits angesprochen wurde) für Schraubfalluntersuchungen geäußert, was eine der nächsten Umsetzungen sein wird. Die Erweiterung von MoviA um einen Force Feedback Arm, der eben diese haptische Rückkopplung ermöglicht, könnte somit wie folgt aussehen:

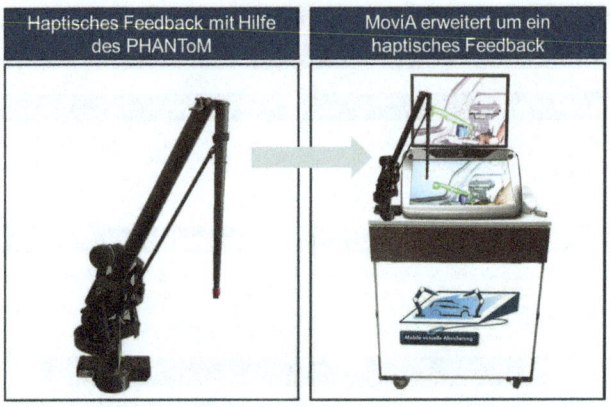

Abb. 69: MoviA erweitert um die Möglichkeit eines haptischen Feedbacks

Hierbei ist die bedienende Person nun in der Lage, in der Szene mit Hilfe von Gesten zu navigieren und nach exakter Positionierung die Flugfunktion zu stoppen, den realen Schrauber zu greifen und die virtuelle Untersuchung auf Kollisionen mit Hilfe eines haptischen Feedbacks durchzuführen. Dadurch werden reale und virtuelle Welt nicht nur noch mehr miteinander verschmolzen, sondern es ist auch mit einer wesentlich stärkeren Immersion zu rechnen, da während der Durchführung kein Device mehr in der Hand gehalten werden muss und vor allem zwischen dem Navigieren und dem Greifen kein Wechsel der Bediengeräte stattfindet. Dadurch wird mit einer noch stärkeren Akzeptanz des Systems gerechnet, wobei auch unerfahrene Mitarbeiter die Systeme bedienen können, die bisher nur Experten überlassen waren.

9 Kritische Würdigung und Fazit

Bei der Untersuchung der Kommunikation in der Planung wurden Schnittstellen zwischen Planung und Entwicklung sowie zwischen Planung und Produktion identifiziert. Bei letzterer stellte sich insbesondere die Rückkopplung vom direkten in den indirekten Bereich, also vom Shopfloor zurück in den Bereich der Planung, als ausbaufähig dar. Die Mitarbeiter des Shopfloor verfügen über vielfältiges Wissen und Erfahrungen, welche bisher nicht in ausreichendem Maße genutzt werden konnten. Einerseits fehlten zur Integration dieser Mitarbeiter etablierte Kommunikationskanäle, während andererseits die bereits vorhandenen Planungssysteme, aufgrund ihre Komplexität, eine Einbindung erschwerten. Aus diesem Grund wurde im Rahmen dieser Arbeit eine vereinfachte Nutzbarkeit dieser umfangreichen Planungssysteme durch die Einbindung der Gestensteuerung ermöglicht und somit auch die Zugänglichkeit bislang komplexer Systeme der Digitalen Fabrik für einen größeren Anwenderkreis geschaffen. Diese bietet eine intuitive Möglichkeit, die vorhandene Software zu bedienen und erleichtert den Shopfloormitarbeitern somit den Zugang zu aktuellen Planungsständen, Modellen und Informationen. Durch die besondere Fokussierung auf die Mobilität dieser Lösung einerseits wird die Zusammenarbeit zwischen Planungs- und Shopfloormitarbeitern unterstützt. Da Daten nun zu jeder Zeit an jedem Ort zugänglich sind, wird den Mitarbeitern der gemeinsame Austausch erleichtert. Es besteht zum Beispiel die Möglichkeit, dass in virtuellen Einbauuntersuchungen als kritisch befundene Teile oder Verbaureihenfolgen gemeinsam diskutiert und zeitgleich virtuell und real an der Linie betrachtet werden können. Andererseits lag das Hauptaugenmerk bei der Entwicklung dieser Gestensteuerung auf der intuitiven Bedienbarkeit, die eine leichte Erlernbarkeit mit sich brachte. Da Intuitivität unter anderem als die Adaption von Bekanntem auf neue Sachverhalte ausgedrückt werden kann, lag es nahe, Technologien zu verwenden, die einer Vielzahl an möglichen Anwendern bereits bekannt war (vgl. Definition aus Kapitel 3.2). Aus diesem Grund wurden in dieser Arbeit verschiedene Consumertechnologien auf ihre Eignung hin untersucht. Dabei wurde in Anzeige- und Interaktionsmedien unterschieden. Auch Konzepte wie die Single- und Multi-Touch-Technologie wurden dabei beleuchtet. Um einen weltweiten Einsatz der Gestensteuerung zu ermöglichen, musste eine intuitive Bedienung, welche möglichst frei von doppeldeutigen Gesten ist, gefunden werden. Dazu wurden zunächst verschiedene Studien betrachtet, welche Untersuchungen durchgeführt haben, um zu ergründen, welche Gesten für Anwender leicht zu verstehen und intuitiv anzuwenden sind. Darauffolgend wurden weitere Anwendungen von Gesten- und Zeichensprachen untersucht, welche tagtäglich in Gebrauch sind. Dazu zählt die Gebärdensprache aber auch Zeichensprachen, welche im Sportbereich, wie zum Beispiel beim Tauchen und Fallschirmspringen, genutzt werden. Im Anschluss daran wurde der interkulturelle Aspekt, also die internationale Nutzbarkeit von bestimmten Gesten und Zeichen, anhand einer im Rahmen einer Konzerntagung durchgeführten Studie, abgesichert. Aufbauend auf den Ergebnissen der verschiedenen Studien wurde ein Gestenset entwickelt, welches für den Einsatz im planerischen Kontext, genauer dem Bereich der virtuellen Absicherung, geeignet ist. Nach Auswahl verschiedener Anwendungsfälle, wurde ein Prototyp, MoviA – Mobile virtuelle Absicherung – entwickelt, welcher mit Hilfe eines durchgeführten Anwenderworkshops evaluiert wurde. Aus den gewonnenen Erkenntnissen wurde eine Weiterentwicklung des Prototyps vorgenommen. So war es beispielsweise ein Wunsch der Anwender, einen schnelleren und einfacheren Nutzerwechsel durchführen zu können. Ein weiterer Prototyp wurde in einer Nutzerstudie bewertet. Diese beinhaltete sowohl eine standardisierte Untersuchung der User Experience als auch der System Usability. Diese Ergebnisse wurden entsprechend ausgewertet um eine Präferenz der Planer hinsichtlich einer Entscheidung für oder gegen eine solche intuitive Bedienbarkeit zu erlangen. Die Ergebnisse sollen im folgenden Abschnitt diskutiert werden.

9.1 Gestensteuerung als Bedienkonzept der Zukunft?

Die Nutzerstudie, welche im Rahmen dieser Arbeit in Bezug auf die Einsatzmöglichkeiten einer Gestensteuerung für virtuelle Absicherungen durchgeführt wurde, sollte Aufschluss darüber geben, inwieweit solche Bedienmöglichkeiten bereits für planerische Tätigkeiten denkbar sind. Es wurden 13 Testpersonen mit Hilfe eines SUS- und UEQ-Fragbogens befragt. Weiterhin wurde über die gesamte Testphase ein „Lautes Denken" protokolliert. Die Ergebnisse zeigen, dass die Gestensteuerung als ein zukünftiges Bedienkonzept denkbar ist. Die Ergebnisse des SUS zeigen, dass die subjektiv wahrgenommene Zufriedenheit eines Großteils der Testpersonen, zwischen 62,5 und 75 Prozent liegt. Dies führt unter Betrachtung aller erzielten Werte zu einem Mittelwert von 66,35 Prozent, was laut Vergleichsskala für eine grenzwertige bis gute Usability spricht. Für die Auswertung des UEQ werden 26 bipolare Items zu sechs Attributen erhoben um den subjektiven Gesamteindruck des Nutzers in Bezug auf das System zu erhalten. Diese sechs Attribute werden in einem Benchmark aus einer Vielzahl bereits erhobener UEQ betrachtet. Dabei wurden in diesem Falle vier der sechs Attribute durchweg positiv bewertet, die Originalität erhielt dabei sogar einen Wert, der dem Bereich *exzellent* zugeordnet werden kann. Lediglich die Effizienz und die Steuerbarkeit wurden mit *unterdurchschnittlich* und *schlecht* bewertet. Dies ist unter anderem dem Prototypenstatus und der verwendeten Technologie geschuldet. Beide befinden sich noch in einem Anfangsstadium, welches die Steuerbarkeit und die Genauigkeit einschränken kann. Zur Validierung dieses Ergebnisses wurde eine weitere Studie durchgeführt, welche die benötigte Zeit und Positionsgenauigkeit bei der Bewältigung eines Übungsszenarios mit verschiedenen Eingabegeräten (Stift, 3D-Maus sowie Gestensteuerung), gegenübergestellt. Dabei konnte gezeigt werden, dass die subjektiv gefühlten Abweichungen als deutlich größer erachtet werden, als die objektiv ermittelten Werte nahelegen. Mit fortschreitender Weiterentwicklung im Technologiebereich wird parallel eine Verbesserung der Usability zu erwarten sein. Weitere Verbesserungspotenziale konnten durch das Protokollieren des lauten Denkens identifiziert werden, wobei hier eine ähnliche Tendenz analog dem UEQ festzustellen war, welche die Ergebnisse bestätigte. Beispielhaft seien hier Aussagen wie „mir gefällt die Navigation sehr gut" und „das System reagiert nicht immer wie erwartet" genannt. Diese Aussagen zeigen, dass die Navigation durchaus eine hohe Akzeptanz als Bedienmöglichkeit genießt, jedoch das System noch nicht zuverlässig genug reagiert.

9.2 Zukünftige Herausforderungen

Eine zukünftige Herausforderung für die Gestensteuerung als eine Bedienmöglichkeit im planerischen Kontext ist sicherlich die Weiterentwicklung der Technologien. Aktuell herrscht auf diesem Markt eine hohe Dynamik, die auf eine präzisere und stabilere Erkennung von Gesten hoffen lässt. Weiterhin ist es notwendig, auch eine Anpassung der Sensorik für industrielle Zwecke vorzunehmen. So muss die Technologie auch bei Lärm und Schmutz funktionieren und auch bei unterschiedlichen Lichtverhältnissen reagieren. Aktuell zeigen insbesondere die optischen Systeme eine hohe Lichtempfindlichkeit, weshalb sie dem täglichen Einsatz noch nicht standhalten und somit nur bedingt einsetzbar sind. Eine robustere Bauweise würde hier natürlich das Einsatzgebiet stark vergrößern. So könnten auch problemlos die Untersuchungen regelmäßig direkt an der Linie in der Produktion stattfinden und müssten nicht mehr auf naheliegende Büros ausgelagert werden.

Eine weitere Herausforderung auf diesem Gebiet ist sicherlich auch die Einführung einer solchen Bedienmöglichkeit in den verschiedensten Bereichen. Insbesondere Konzerne wie die Volkswagen AG stehen vor der Herausforderung, solche neuen Technologieeinsätze weltweit an verschiedensten Standorten einzuführen. Dies führt dazu, dass eine Gestensprache für verschiedene Nationalitäten geschaffen werden muss, die keinerlei negative Bedeutung mit sich bringt. An dieser Stelle sei darauf hingewiesen, dass nach Untersuchung der kulturell unterschiedlichsten Rezeptionen verschiedener Gesten nicht davon ausgegangen werden kann, dass eine allgemeingültige Gestensprache umsetzbar ist. Allein aufgrund der Vielzahl an benötigten Gesten ist eine ausschließliche Verwendung neutraler Gesten nicht realisierbar. Ebenso wie bei der Gebärdensprache müssen auch in diesem Fall regionale und kulturelle Unterschiede Berücksichtigung finden. Neben den Gestenunterschieden in verschiedenen Kulturen und Ländern, besteht eine weitere zukünftige Aufgabe darin, eine Anpassung dieser Bedienung für unterschiedliche Anwendungsfälle vorzunehmen. Zusätzlich zu den hier bereits angesprochenen Gewerken wie Montage, Logistik und Karosseriebau, ist diese Bedienmöglichkeit natürlich auch für Themen wie Qualitätssicherung oder den After Sales von Interesse. Während beim Endkunden die Möglichkeit besteht, mithilfe der Gesten eine virtuelle Konfiguration des zukünftigen Fahrzeugs vorzunehmen, so ist es beispielsweise im Bereich der Qualitätsplanung vorstellbar, sogenannte Referenzpunkte mit Hilfe einer *Zeige-* oder *Greifgeste* in gemeinsamen Gesprächen zu bearbeiten und verschieben zu können. Darüber hinaus sind noch viele weitere Einsatzpotenziale denkbar, die es nun zu erschließen gilt.

9.3 Abschließendes Fazit

Mit zunehmender Komplexität der beruflichen Welt und Verdichtung der Arbeit, rückt der Faktor Mensch immer mehr in den Mittelpunkt der Betrachtung. Bei der Erfüllung der an den Mitarbeiter gestellten Anforderungen können heutige Systeme maßgeblich unterstützen. Die Industrie steht vor einer Revolution, einer neuen Automatisierungswelle im Produktionsumfeld, welche durch die Entwicklung der Industrie 4.0 getrieben wird. Somit ist es notwendig, sowohl die Qualifizierung von Mitarbeitern als auch die ihnen zur Verfügung gestellten Systeme zu optimieren. Um eine hohe Verbreitung dieser unterstützenden Systeme zu erreichen, werden die Intuitivität und die ergonomische Gestaltung dieser immer wichtiger. Hierbei sieht sich die Industrie einem enormen Innovationsdruck ausgesetzt, dem nur mit hohen Investitionen in die IT-Infrastruktur begegnet werden kann. Jedoch lässt es die Verschmelzung aus privatem und beruflichem Leben nun zu, Consumertechnologien in den Arbeitsalltag zu integrieren und dadurch einen vereinfachten Zugang zu diesen Systemen zu schaffen sowie die anfallenden Kosten für die Unternehmen zu reduzieren. Dies lässt sich insbesondere dadurch begründen, dass Consumertechnologie durch die hohe Verbreitung und Massenfertigung zu geringen Kosten erhältlich ist und lediglich von Industrieunternehmen an ihre Bedürfnisse angepasst werden müssen. Dabei sind sowohl der Entwicklungsaufwand als auch das Entwicklungsrisiko sehr gering, da vorhandene Systeme verwendet werden.

Ein solcher Ansatz wurde mit MoviA verfolgt. MoviA verbindet Aspekte der Digitalisierung, wie die innovative Nutzung der Gestensteuerung, mit der Verwendung etablierter und leicht verfügbarer Consumertechnologie. Die Intuitivität und Akzeptanz konnte das System in verschiedenen Einsätzen, wie z.B. auf Ausstellungen, bei der täglichen Arbeit in der Planung oder der durchgeführten Nutzerstudie, unter Beweis stellen.

Es ist anzumerken, dass der Nachweis der Nutzbarkeit in der Praxis noch aussteht. Es gilt aufzuzeigen, inwiefern solche Technologien in die bestehenden Prozesse integriert werden können. Dafür muss zunächst geklärt werden inwiefern Kommunikationsflüsse zwischen einzelnen Bereichen von Unternehmen tatsächlich gestaltet sind. Dabei ist die Unterscheidung zwischen vorgesehener Kommunikation und unter realen Umständen etablierten, inoffiziellen Kommunikationswegen zu beachten.

Weitere, aus dieser Arbeit resultierende Fragestellungen, müssten zukünftig noch näher untersucht werden:

Welche Gesten sind in weiteren Ländern und Kulturen nicht für eine berührungslose Bedienung geeignet? Es gilt genauer zu untersuchen, inwiefern ein internationales Gestenalphabet umsetzbar ist. Im Rahmen dieser Arbeit konnte aus datenschutzrechtlichen Gründen lediglich eine Erhebung innerhalb der Marken und Standorte des Volkswagen Konzerns vorgenommen werden. Dabei bot die Konzerntagung eine vergleichsweise hohe Vielfalt verschiedener Nationalitäten, jedoch wäre eine Untersuchung mit einer höheren Anzahl an Probanden auch mit anderem fachlichen Hinter-

9.3 Abschließendes Fazit

grund als dem der Digitalen Fabrik, wünschenswert um eine zu hohe Homogenität der Ergebnisse zu vermeiden.

Weisen die hier ermittelten „negativ behafteten Gesten" dieselbe Interpretation auf, wenn sie vor einem Bildschirm ausgeführt werden, oder bekommen sie ihre Bedeutung lediglich im Zusammenhang der zwischenmenschlichen Kommunikation? Bei der Nutzung des Prototyps konnten bereits Ansätze bemerkt werden, bei denen Menschen vor einem Monitor unreflektierter gestikulieren und den Zeichen und Gesten keinerlei Bedeutung zuordnen, sondern sie lediglich als Befehle zur Nutzung eines Systems wahrnehmen. Diese Tatsache gilt es genauer zu überprüfen, um darauf aufbauend das Gestenrepertoire eventuell vergrößern zu können.

Wie hoch ist die Akzeptanz einer solchen Gestensteuerung außerhalb des Planungsumfelds? Im Rahmen der Präsentation des Prototyps auf der Hannover Messe 2015 konnte eine fast durchweg positive Resonanz festgestellt werden. Durch das vielfältige Publikum handelte es sich hierbei um eine stark heterogene Gruppe, jedoch konnte aufgrund des Charakters der Veranstaltung keine wissenschaftliche Erhebung durchgeführt werden. Dies gilt es noch durchzuführen, um eine genauere Aussage über die Akzeptanz in verschiedenen Bevölkerungsgruppen zu erhalten. Weiterhin zeigen die unterschiedlichen Ergebnisse des UEQs zur Steuerbarkeit aus Kapitel 5 und Kapitel 8.4.3, dass insbesondere komplexe, rotatorische Bewegungen noch nicht eindeutig genug mittels Gesten erfasst werden können.

Wie verhält sich die Akzeptanz einer Gestensteuerung in Kombination mit einem Force Feedback Arm? Eine Studie, die es in einem nächsten Schritt noch durchzuführen gilt, ist die erneute Erhebung des SUS- und UEQ-Fragebogens mit dem Prototyp inklusive des haptischen Feedbacks. Es ist davon auszugehen, dass die Akzeptanz hier stark steigt, da die Steuerbarkeit hierbei einen wesentlich höheren Mittelwert erreichen müsste. Dies liegt vor allem daran, dass dem Nutzer nun im Bereich der Positionierung ein haptisches Feedback zur Unterstützung geboten wird, wodurch davon auszugehen ist, dass die subjektiv wahrgenommene Ungenauigkeit in der Bedienung vermindert wird. Dabei ist es auch empfehlenswert, die Abhängigkeit zwischen Positionsgenauigkeit und Zeit zu messen, wie es hier bereits für einige Eingabemedien durchgeführt worden ist.

Die Untersuchung zur Abhängigkeit der unterschiedlichen Eingabemedien von Position und Zeit hat deutlich gezeigt, dass alle drei Devices „3D-Maus", „Stylus" sowie „Gestensteuerung" keine großen Differenzen aufweisen. Jedoch hat sich herausgestellt, dass die Positionsungenauigkeit vom Nutzer subjektiv sehr viel stärker wahrgenommen wird, als sie sich nach Messungen tatsächlich darstellt. Da diese Studie erst im Anschluss an die Nutzerstudie vorgenommen wurde, konnte hierbei nicht im Vorfeld auf diese Tatsache Rücksicht genommen werden. Somit wurde die Steuerbarkeit als sehr schlecht von den Probanden eingestuft, obwohl diese hätte positiv beeinflusst werden können, wenn die Informationen bereits vorgelegen hätten. Dabei gilt es auch zu ergründen, was genau die Hemmnisse sind, die neue Technologien daran hindern, ein etablierter Bestandteil in industriellen Prozessen zu werden. Um eine Integration solcher Prototypen, wie MoviA es ist, in den Serieneinsatz der Planung zu bringen sind offensichtlich viele Hürden zu nehmen, die auch psychologischer Natur sind. Diese gilt es zu identifizieren, um die Akzeptanz solcher Technologien zu steigern.

Es konnte gezeigt werden, dass im Anwendungsbereich MoviAs ein großes Potenzial vorhanden ist, welches durch eine Weiterentwicklung zur Serienreife realisiert werden kann. Das im Rahmen dieser Arbeit entwickelte System ist dabei eine gute Möglichkeit, einem breiten Spektrum an auf die Industrie zukommenden Anforderungen gerecht zu werden. Eine stetige Weiterentwicklung des bestehenden Systems wird dazu beitragen, die unternehmensinterne Kommunikation zu optimieren und auf diesem Wege zu einer gesteigerten Produktivität mit gleichzeitig verbesserter Qualität zu führen

Literaturverzeichnis

Alt, T. (2003). *Augmented Reality in der Produktion.* Dissertation, TU München, München. Herbert Utz Verlag.

Analog Devices, (2009). *The five motion senses: Using MEMS Intertial sensing to transform applications.* http://www.analog.com/static/imported-files/overviews/the_five_motion_senses.pdf. abgerufen am 25.12.2015 um 19:45 Uhr.

Bade, C. (2012). *Untersuchungen zum Einsatz der Augmented Reality Technologie für Soll/Ist-Vergleiche.* In: Volkswagen AG (Hrsg.) Band 37, AutoUni Schriftenreihe. Berlin: Logos Verlag.

Barré, R. de la et al. (2009). *Touchless Interaction-Novel Chances and Challenges.* In: Jacko, J. (Hrsg.): Human-Computer Interaction - Novel Interaction Methods and Techniques. Berlin Heidelberg New York: Springer Verlag.

Bauer, J. (2009). *Virtuelle Montage - die Synergie aus "Lean and Digital".* In: ATZ / MTZ-Konferenz - Zukunft Automobilmontage 2009, Köln.

Bellegarda, J. R. (2014). *Spoken Language Understanding for Natural Interaction: The Siri Experience.* In: Mariani, J. et al. (Hrsg.): Natural Interaction with Robots, Knowbots and Smartphones. New York Heidelberg Dordrecht London: Springer Verlag.

Beth, T. et al. (2002). *Analyse, Modellierung und Erkennung menschlicher Bewegungen.* Karlsruhe, Institut für Algorithmen und Kognitive Systeme, Karlsruher Institut für Technologie (KIT).

Bloxham, J., (2013). *Augmented Reality in education: teaching tool or passing trend?* -http://www.theguardian.com/higher-education-network/blog/2013/feb/11/ augmented-reality-teaching-tool-trend. abgerufen am 25.12.2015 um 19:30 Uhr.

Bracht, U.; Geckler, D. & Wenzel, S. (2011). *Digitale Fabrik - Methoden und Praxisbeispiele.* Berlin Heidelberg: Springer Verlag.

Bracht, U. & Spillner, A. (2009). *Die Digitale Fabrik ist Realität.* In: Zeitschrift für wirtschaftlichen Fabrikbetrieb 104 (7-8). München: Carl Hanser Verlag.

Brill, M. (2009). *Virtuelle Realität.* Berlin Heidelberg: Springer Verlag

Broll, W. (2013). *Augmentierte Realität.* In:Dörner et al. (Hrsg.): Virtual and Augmented Reality (VR/AR). Berlin Heidelberg: Springer Velag.

Brooke, J. (1996). *SUS: A "quick and dirty" usability scale.* In: Jordan, P.W. et al. (Hrsg.): *Usability Evaluation in Industry.* London:Taylor and Francis.

Brooke, J. (2013). *SUS: A Retrospective.* JUS – Journal of Usability Studies, Vol.8, Issue 2, Februar 2013, S.29-40.

Brosch, P. (2014). *Smarte digitale Layoutplanung - Neue virtuelle und mobile Ansätze für Umplanungen.* In: Bracht, U. (Hrsg.): *Innovationen der Fabrikplanung und -organisation.* Band 32, Dissertation am IMAB der TU Clausthal, Aachen:Shaker.

Brunner, F. J. (2014). *Japanische Erfolgskonzepte - KAIZEN, KVP, Lean Production Management, Total Productive Maintenance, Shopfloor Management, Toyota Production System, GD^3 -Lean Development.* München: Carl Hanser Verlag.

Burdea, G. & Coiffet, P. (2003). *Virtual Reality Technology.* Hoboken: John Wiley & Sons.

Burmester, M.; Koller, F. & Höflacher, C. (2009). *Touch it, Move it, Scale it - Multitouch - Untersuchung zur Usability und Erlernbarkeit von Multitouch - Interaktion am Beispiel des Multitouch-Tisches Microsoft Surface.* Hochschule der Medien:Stuttgart.

Buskirk, E. v., (2009). *3-D Maps, Camera Phones put "Reality" in Augmented Reality.* http://www.wired.com/2009/12/3d-maps-camera-phones-put-reality-in-augmented-reality/. abgerufen am 25.12.2015 um 19:30 Uhr.

Buxton, W. & Myers, B. (1986). *A study in two-handed input.* In: *Proceedings of the SIGCHI Conference on human factors in Computing Systems.* ACM, Boston.

Cadoz, C. (1994). *Le geste, canal de commuication instrumental.* In: Techniques et sciences informatiques. Vol 13 - n01/1994. Cachan: Lavoisier.

Christmann, S. (2012). *Mobiles Internet im Unternehmenskontext - Webtechnologien als technische Basis für Geschäftsanwendungen auf mobilen Endgeräten.* Dissertation, Georg - August - Universität Göttingen, Göttinger Schriften zur Internetforschung Band 9, Göttingen: Universitätsverlag Göttingen.

Coletta, A.R. (2012). *The Lean 3P Advantage - A Practioner's Guide to the Product Preparation Process.* Boca Raton: CRC Press.

Craig, A. (2013). *Understanding Augmented Reality - Concepts and Applications.* Waltham: Elsevier.

DAEC (2012). *Ausbildungshandbuch Fallschirmsport.* Modul 04 - Ausbildung AFF, Deutscher Aero Club, Braunschweig.

Dell, (2015). *Produktseite des Herstellers.* http://www.dell.de, abgerufen am 25.12.2015 um 22:00 Uhr.

Literaturverzeichnis 121

Dempster, J. (2001). *The Laboratory Computer - A Practical Guide for Physiologists and Neuroscientists.* London: Academic Press.

Diers, M (1994). *Handzeichen der Macht. Anmerkungen zur (Bild-)Rhetorik politischer Gesten.* Jahrbuch Rhetorik Band 13. Berlin Boston: De Gruyter.

Dorau, R. (2011). *Emotionales Interaktionsdesign - Gesten und Mimik interaktiver Systeme.* Heidelberg Dordrecht London New York: Springer Verlag.

Dörner, R. et al. (2013). *Einleitung. In: Dörner et al. (Hrsg.): Virtual and Augmented Reality (VR/AR).* Berlin Heidelberg: Springer Velag.

Dörner, R. et al. (2013a). *Interaktionen in Virtuellen Welten. In: Dörner et al. (Hrsg.): Virtual and Augmented Reality (VR/AR).* Berlin Heidelberg: Springer Velag.

Duden (2013). *Duden - Die deutsche Rechtschreibung.* Berlin: Duden Verlag.

Ehrlenspiel, K. et al. (2014). *Kostengünstig Entwickeln und Konstruieren - Kostenmanagement bei der integrierten Produktentwicklung.* Berlin Heidelberg: Springer Verlag.

Eigner, M. & Stelzer, R. (2009). *Product Lifecycle Management - Ein Leitfaden für Product Development und Life Cycle Management.* Berlin Heidelberg: Springer Verlag.

Eisenbrey, G.T. & Childress, J.J. (1996). *Acceleration activated joystick.* United States Patent, Patent No.: US 5516105 A.

Elepfandt, M.; Wegerich, A. & Rötting, M. (2013). *Multimodale, berührungslose Interaktion für Next Generation Media. In: at - Automatisierungstechnik 61(2013).* München: Oldenbourg Wissenschaftsverlag.

Erol, A. et al (2005). *A Review on Vision-Based Full DOF Hand Motion Estimation. In: Computer Vision and Pattern Recognition - Workshops, 2005. CVPR Workshops. IEEE Computer Society Conference.* San Diego, USA.

Eversheim, W.; Bochtler, W. & Laufenberg, L. (1995). *Simultaneous Engineering - Erfahrungen aus der Industrie für die Industrie.* Berlin: Springer Verlag.

Fahlbusch, M. (2001). *Einführung und erste Einsätze von Virtual-Reality-Systemen in der Fabrikplanung. In: Bracht, U. (Hrsg.): Innovationen der Fabrikplanung und -organisation.* Band 4, Dissertation am IMAB der TU Clausthal, Aachen:Shaker.

FAZ (2015). *Volkswagen testet Datenbrille für Logistik-Mitarbeiter.* Frankfurter Allgemeine Zeitung, 09.März 2015.

Feldhusen, J. & Grote, K.-H. (2013). *Der Produktentstehungsprozess. In: Pahl/Beitz (Hrsg.): Konstruktionslehre - Methoden und Anwendung erfolgreicher Produktentwicklung.* Berlin Heidelberg: Springer Verlag.

Fikkert, W. (2010). *Gesture Interaction at a Distance.* Dissertation, University of Twente, Enschede, Niederlande.

Fleischmann, A.-Ch. (2012). *Einsatz von mobilen Augmented Reality Anwendungen in der Montageplanung eines deutschen Automobilherstellers.* Diplomarbeit am IMAB der TU Clausthal.

Fleischmann, A.-Ch. et al (2015). *Gestensteuerung als intuitives Bedienkonzept - Verbesserung der Zusammenarbeit zwischen Produktionsplanung und Shopfloor.In: wt werkstattstechnik online Jahrgang 105 (2015) H.3,* Düsseldorf: Springer-VDI-Verlag.

Fleischmann, A.-Ch. (2015). *Virtuelle Absicherung als Kommunikationsplattform für Shopfloor und Planung. In :Schenk. M. (Hrsg.): Digitales Engineering zum Planen, Testen und Betreiben technischer Systeme (Tagungsband – 18.IFF-Wissenschaftstage), Magdeburg: fraunhofer - Institut für Fabrikbetrieb und – automatisierung IFF.*

Flick, D.R. (2010). *Virtuelle Absicherung manueller Fahrzeugmontagevorgänge mittels digitalem 3-D-Menschmodell - Optimierung der Mensch-Computer-Interaktion.* Dissertation, TU München, Fakultät für Maschinenwesen, München.

Fritsche, O. & Rüger, C., (2015). *Grundelemente von Gebärden.* http://www.visuelles-denken.de/Schnupperkurs5.html - abgerufen am 06.06.2015 um 16:00 Uhr.

Gausemeier, J. et al. (2001). *Produktinnovation - Strategische Planung und Entwicklung von morgen.*München: Hanser Verlag.

Geyssel, A.-L., (2011). *Wie funktionieren Touchpad und Touchscreen?* http://www.weltderphysik.de/thema/hinter-den-dingen/elektronische-geraete/touchpad-und-screen/, abgerufen am 25.12.2015 um 23:00 Uhr.

Göpfert, I. & Schulz, M.D. (2012). *Zukünftige Neuprodukt- und Logistikentwicklung am Beispiel der Automobilindustrie. In: Göpfert, I. (Hrsg.): Logistik der Zukunft - Logistics for the Future, 6., aktualisierte und erweiterte Auflage.* Wiesbaden: Springer Gabler.

Gregory, J. (2015). *Game Engine Architecture.* Boca Raton: CRC Press.

Grimm, P. et al. (2013a). *VR-Ausgabegeräte. In: Dörner, R. et al. (Hrsg.): Virtual und Augmented Reality (VR/AR).* Berlin Heidelberg: Springer Verlag.

Literaturverzeichnis

Grimm, P. et al. (2013b). *VR-Eingabegeräte. In:* Dörner, R. et al. (Hrsg.): *Virtual und Augmented Reality (VR/AR).* Berlin Heidelberg: Springer Verlag.

Grünweg, T., (2014). *Gestensteuerung im Auto: Her mit dem Wisch.-* www.spiegel.de/auto/aktuell/kfz-technikder-zukunft-gestensteuerung-ersetzt-tasten-und-schalter-a-971985.html. abgerufen am 23.12.2015 um 21:00 Uhr.

Guna, J. et al. (2014). An Analysis of the Precision and Reliability of the Leap Motion Sensor and Its Suitability for Static and Dynamic Tracking. *In: Sensors (2014) 14 (2),* S. 3702-3720. Basel: MDPI AG.

Hagen, U. v. (2014). *Homo militaris:Perspektiven einer kritischen Militärsoziologie.* Bielefeld: transcript Verlag - de Gruyter.

Hanisch, H. (2013). *Der interkulturelle Kompetenz- Knigge 2100 - Kultur, Kompetenz, Eindrücke - Geste, Rituale, Zeitempfinden - Berichte, Tipps, Erlebnisse - Do´s and Don´ts im Ausland.* Norderstedt: Books on Demand.

Hansard, M. et al. (2013). *Time-of-Flight Cameras - Principles, Methods and Applications.* London Heidelberg New York Dordrecht: Springer Verlag.

Hart, S. & Staveland, L. (1988). *Development of NASA-TLX (Task Load Index): Results of Empirical and Theoretical Research.* NASA-Ames Research Center, Moffett Field, California.

Heinecke, A.M. (2012). *Mensch - Computer - Interaktion - Basiswissen für Entwickler und Gestalter.* Heidelberg Dordrecht London New York: Springer Verlag.

Hess, T. & Rauscher, B. (2008). *Mobile Anwendungen. In: Roßnagel, A.; Sommerlatte, T.& Winand, U. (Hrsg.): Digitale Visionen: Zur Gestaltung allgegenwärtiger Informationstechnologien.* Berlin Heidelberg New York: Springer Verlag.

Hielscher, M. (2003). *Sprachproduktion im Vergleich: Deutsche Lautsprache und Deutsche Gebärdensprache. In: Rickheit, G.; Herrmann, T.; Deutsch, W.: Psycholinguistik - Ein Internationales Handbuch.* Berlin: Walter de Gruyter.

Hoffmeyer, A. (2013). *Integration komplexer dynamischer Systeme in Augmented-Reality-Anwendungen im Fabriklebenszyklus und in der Fabrikplanung.* Dissertation, Otto-von-Guericke-Universität, Fakultät für Maschinenbau, Magdeburg.

Hurtienne, J. (2011). *Image Schemas and Design for intuitive Use - Exploring new Guidance for User Interface Design.* Dissertation, TU Berin, Fakultät V - Verkehrs- und Maschinensysteme, Berlin.

ISO 9000 (2015). *Qualitätsmanagement.* Genf: International Organization for Standardization.

ISO 9241 (2012). *Ergonomie der Mensch-System-Interaktion.* Berlin: Beuth Verlag.

Kaspar, C. (2005). *Individualisierung und mobile Dienste am Beispiel der Medienbranche - Ansätze zum Schaffen von Kundenmehrwert.* Dissertation, Georg - August - Universität Göttingen, Göttinger Schriften zur Internetforschung Band 3, Göttingen: Universitätsverlag Göttingen.

Kendon, A. (2004). *Gesture: Visible Action as Utterance.* Cambridge: Cambridge University Press.

Kin, K.; Agrawala, M. & DeRose, T. (2009). *Determining the Benefits of Direct-Touch, Bimanual, and Multifinger Input on a Multitouch Workstation.* In:Proceeding GI '09 Proceedings of Graphics Interface 2009. Toronto: Canadian Information Processing Society.

Kin, K. (2012). *Investigating the Design and Development of Multitouch Applications.* Dissertation, University of California at Berkeley, Institute of Electrical Engineering and Computer Sciences, Technical Report No. UCB/EECS-2012-233.

Kirch, M. (2006). *Deutsche Gebärdensprache.* Hamburg: Helmut Buske Verlag GmbH.

Klann, J. (2014). *Ikonizität in Gebärdensprachen.* Berlin Boston: Walter de Gruyter.

Klein, R. & Scholl, A. (2012). *Planung und Entscheidung.* München: Franz Vahlen GmbH.

Klima, E. & Bellugi, U. (1979). *The signs of Language.* Cambridge: The President and Fellows of Harvard College.

Kostka, C. & Kostka, S. (2013). *Der Kontinuierliche Verbesserungsprozess.* München: Carl Hanser Verlag.

Krcmar, H. (2015). *Informationsmanagement,* Berlin Heidelberg: Springer Verlag.

Kromp, T. & Mielke, O. (2011). *Tauchen - Handbuch modernes Tauchen: Teil 1: Open Water Diver.* Stuttgart: Franckh-Kosmos.

Krückhans, B. & Meyer, H. (2013). *Industrie 4.0 - Handlungsfelder der Digitalen Fabrik zur Optimierung der Ressourceneffizienz in der Produktion. In: Dangelmaier, W.; Laroque, C.; Klaas, A. (Hrsg.): Simulation in Produktion und Logistik- Entscheidungsunterstützung von der Planung bis zur Steuerung.* 15. ASIM Fachtagung, Paderborn, HNI Verlagsschriftenreihe.

Küpper, A.; Reiser, H. & Schiffers, M. (2004). *Mobilitätsmanagement im Überblick: Von 2G zu 3,5G. In: PIK - Praxis der Informationsverarbeitung und Kommunikation 27 (2004).* Berlin Boston: De Gruyter.

Literaturverzeichnis 125

Kumparak, G., (2014). *The Fin is a bluetooth ring that turns your hand into an interface.* http://techcrunch.com/2014/01/08/the-fin-is-a-bluetooth-ring-that-tu rns-your-hand-into-the-interface/ - abgerufen am 19.03.2015 um 19:42 Uhr.

Laugwitz, B.; Held, T. & Schrepp, M. (2008). *Construction and Evaltuation of User Experience Questionnaire.* In Holzinger, A. (Hrsg.): HCI and Usability for Education and Work. 4th Symposium of the Workgroup Human-Computer Interaction and Usability Engneering of the Austrian Computer Society, USAB 2008 Graz, Austria, November 2008, Proceedings.Berlin Heidelberg New York: Springer Verlag.

Leap Motion, (2015). *Produktseite des Herstellers.* https://www.leapmotion.com/ product - abgerufen am 19.03.2015 um 17:20 Uhr.

Lee, J. & Kunii, T. (1993). *Constraint-based hand animation. In: Magnenat Thalmann, N. &Thalmann, D. (Hrsg.): Models and Techniques in Computer Animation.* Tokyo:Springer Verlag.

Lee, S.K.; Buxton, W. & Smith, K.C. (1985). *A Multi-Touch three dimensional touch-sensitive Tablet.*Toronto: CHI '85 Proceedings, April 1985.

Lehner, F. (2003). *Mobile und drahtlose Informationssysteme - Technologien, Anwendungen, Märkte.* Berlin Heidelberg: Springer.

Link, J.A. (2008). *The I.T. little Black Book.* Leicester: Acerit.

Liszkowski, U. et al. (2004). *Twelve-months-olds point to share attention and interest.* Report - Developmental Sciene 7:3 (2004), Hoboken: Blackwell Publishing Ltd.

Lobin, H. (2014). *Engelbarts Traum - Wie der Computer uns Lesen und Schreiben abnimmt.* Frankfurt a. M. : Campus Verlag.

Lonthoff, J. (2007). *Externes Anwendungsmanagement - Organisation des Lebenszyklus komponentenbasierter, mobiler Anwendungen.* Dissertation, TU Darmstadt, Wiesbaden: Deutscher Universitäts-Verlag.

Machate, J.; Schäffler, A. & Ackermann, S. (2013). *A touch of future - Einsatzbereiche für Multi-Touch-Anwendungen. In: Schlegel, T. (Hrsg.): Multi-Touch - Interaktion durch Berührung.* Berlin Heidelberg: Springer Verlag.

McNeill, D. (1992). *Hand and mind: What gestures reveal about thought.* Chicago: University of Chicago Press.

Messmer, H.-P. & Dembowski, K. (2003). *PC Hardwarebuch - Aufbau, Funktionsweise, Programmierung.* München: Addison-Wesley.

Microsoft, (2015). *Produktseite des Herstellers.* http://www.microsoft.com/en-us/kine ctforwindows/meetkinect/features.aspx - abgerufen am 20.03.2015 um 12:25 Uhr.

Milgram, P. et al. (1995). *Augmented Reality: A Class of Displays on the Reality-Virtuality Continuum.* In: Proceedings of the SPIE Conference on Telemanipulator and Telepresence Technologies. Bd.2351. Boston.

Mohs, C.; et al. (2006). *IUUI – Intuitive Use of User Interfaces: Auf dem Weg zu einer wissenschaftlichen Basis für das Schlagwort „Intuitivität".* In: MMI-Interaktiv, Nr. 11, Dezember 2006: Berlin.

Morris, K. (2014a). *The unofficial PlayStation Handbook: A Guide to using PlayStation 4, PlayStation TV, and PlayStation3.* gadchick.

Morris, K. (2014b). *A Beginners Guide to using PlayStation4.* gadchick.

Moser, C. (2012). *User Experience Design - Mit erlebniszentrierter Softwareentwicklung zu Produkten, die begeistern.* Berlin Heidelberg: Springer Verlag.

Mulder, A. (1994). *Human Movement Tracking Technology.* Simon Fraser University, School of Kinesiology, Technical Report 94-1, Burnaby, Kanada.

Nölle, S. (2006). *Augmented Reality als Vergleichswerkzeug am Beispiel der Automobilindustrie.* Dissertation, TU München, Institut für Informatik, München.

Norton, P. & Clark, S. (2002). *Peter Norton's New Inside the PC.* Indianapolis: Sams Publishing.

Nussbeck, S. (2007). *Sprache - Entwicklung, Störungen und Interventionen.* Stuttgart: W.Kohlhammer.

Nuwer, R., (2013). *Armband adds a twitch to gesture control.* http://www.newscient ist.com/article/dn23210-armband-adds-a-twitch-to-gesture-control/ - abgerufen am 25.12.2015 um 20:00 Uhr.

Ohno, T. (1988). *Toyota Production System – Beyond Large-Scale Production.* New York: Productivity Press.

Pankow, G., (2015). *Audi nutzt Gestensteuerung für virtuelle Montage.* www.auto mobil-produktion.de/2015/10/audi-nutzt-gestensteuerung-fuer-virtuelle-monta ge/ - abgerufen am 25.12.2015 um 23:00 Uhr.

Para Club wr. Neustadt, (2015). http://www.paraclub.at/de/ausbildung/das-aff-programm - abgerufen am 09.06.2015 um 22:00 Uhr.

Pentenrieder, K. (2009). *Augmented Reality based Factory Planning.* Dissertation, TU München, Institut für Informtik, München.

Pereira, A. et al. (2015). *A User-Developed 3-D Hand Gesture Set for Human-Computer Interaction.* In: Human Factors, Vol.57, No.4, June 2015. Santa Monica: Human Factors and Ergonomic Society.

Perniss, P.; Pfau, R. & Steinbach, M. (2007). Can't you see the difference? – Sources of variation in sign language structure. In: Perniss, P.; Pfau, R.; Steinbach, M. (Hrsg.): Trends in Linguistics – Visible Variation – Comparative Studies on Sign Language Structure; Berlin: Mouton de Gruyter.

Peters, N. & Hofstetter, J. S. (2008). *Konzepte und Erfolgsfaktoren für Anlaufstrategien in Netzwerken der Automobilindustrie.* In: Schuh, G., Stölzle, W.; Straube, F. (Hrsg.): Anlaufmanagement in der Automobilindustrie erfolgreich umsetzen - Ein Leitfaden für die Praxis. Berlin Heidelberg: Springer Verlag.

Pfister, B. & Kaufmann T. (2008). *Sprachverarbeitung - Grundlagen und Methoden der Sprachsynthese und Spracherkennung.* Berlin Heidelberg: Springer Verlag.

phasespace (2015), *Presseinformation:* http://www.phasespace.com/downloads/PS Brochure2014.pdf, abgerufen am 29.11.2015 um 15:30 Uhr.

Plsek, P. (2014). *Accelerating Health Care Transformation with Lean and Innovation - The Virginia Mason Experience.* Boca Raton: CRC Press.

Ponn, J. & Lindemann, U. (2011). *Konzeptentwicklung und Gestaltung technischer Produkte - Systematisch von Anforderungen zu Konzepten und Gestaltlösungen.* Berlin Heidelberg: Springer Verlag.

Raskin, J. (1994). *Viewpoint: Intuitive equals familiar.* Communications of the ACM, 37(9).

Reil, H. (2012). *Die Info-Falle - Zu viele Inforamtionen können krank machen oder zur Sucht führen.* München: GENIOS WirtschaftsWissen, Nr. 01, 15.01.2012.

Rey, B. et al (2009). *Transcranial Doppler: A Tool for Augmented Cognition in virtual environments.* In: Schmorrow, D.D.; Estabrooke, I.V. & Grootjen, M. (Hrsg.): Foundations of Augmented Cognition - Neuroergonomics and operational Neuroscience. Berlin Heidelberg: Springer Verlag.

RSTC (2005). *RSTC - Recreational Scuba Training Council - Minimum Course Content for Common Hand Signals for Scuba Diving.*

Schenk, M.; Wirth, S. & Müller, E. (2014). *Fabrikplanung und Fabrikbetrieb - Methoden für die wandlungsfähige, vernetzte und ressourceneffiziente Fabrik.* Berlin Heidelberg: Springer Verlag.

Schmickartz, S. (2014). *Anwendungsgebiete des Motion Capture in frühen Phasen des Produktentstehungsprozesses zur Ergonomiebewertung.* Dissertation, TU

Berlin, Institut für Psychologie und Arbeitswissenschaft, Aachen: Shaker Verlag.

Schraft, R. & Bierschenk, S. (2005). *Digitale Fabrik und ihre Vernetzung mit der realen Fabrik.* In: Zeitung für wirtschaftlichen Fabrikbetrieb, Jahrgang 100, Heft 1-2, München: Carl Hanser Verlag.

Schreiber, W. & Doil, F. (2008). *Augmented Reality in der industriellen Anwendung.* Vorlesungsunterlagen, Otto-von-Guericke Universität, Magdeburg.

Schreiber, M.; Wilamowitz-Moellendorff, M. & Bruder, R. (2009). *New Interaction Concepts by Using the Wii Remote.* In: Jacko, J. (Hrsg.): Human-Computer Interaction - Novel Interaction Methods and Techniques. Berlin Heidelberg New York: Springer Verlag.

Schrepp, M.; Hinderks, A.; & Thomaschewski, J. (2011). *Applying the User Experience Questionnaire (UEQ) in different evaluation scenarios.* adfa, Berlin Heidelberg: Springer Verlag.

Schrepp, M.; Olschner, S. & Schubert, U., (2014). *Wie gut ist mein Produkt? Benchmarking mit dem UEQ.* http://www.germanupa.de/aktuelles/blog/wie-gut-ist-mein-produkt-benchmarking-mit-dem-ueq.html - abgerufen am 20.06.2015 um 22:15 Uhr.

Schulz, M.D. (2014). *Der Produktentstehungsprozess in der Automobilindustrie - Eine Betrachtung aus Sicht der Logistik.* Wiesbaden: Springer Gabler.

Sontag, T. (2014). *Smarte Fabrikplanung. - Mobile Applikationen zur Unterstützung der Fabrikplanung.* In: Bracht, U. (Hrsg.): Innovationen der Fabrikplanung und -organisation. Band 31, Dissertation am IMAB der TU Clausthal, Aachen:Shaker.

Spillner, A. (2012). *Entwicklung, Stand und Perpektiven der Digitalen Fabrik.* In: Bracht, U. (Hrsg.): Innovationen der Fabrikplanung und -organisation. Band 26, Dissertation am IMAB der TU Clausthal, Aachen:Shaker.

Stockfisch, D. (2006). *Der Reibert: Das Handbuch für den deutschen Soldaten.* Frankfurt am Main: E S Mittler Verlag.

Stoecker, D. (2013). *eLearning - Konzept und Drehbuch - Handbuch für Medienautoren und Projektleiter.* Berlin Heidelberg: Springer Verlag.

Studdert-Kennedy, M. (1993). *A Review of McNeill, D. (1992). Hand and Mind: What Gestures Reveal About Thought.* Haskins Laboratories Status Report on Speech Research 1993, SR-115/116, 149-153, Yale, New Haven: Haskins Laboratories.

Sutherland, I. (1968). *A head-mounted three dimensional display.* In: Fall Joint Computer Conference.

Sutradhar, A. et al. (2008). *Symmetric Galerkin Boundary Element Method.* Berlin Heidelberg: Springer Verlag.

Syska, A. (2006). *Produktionsmanagement - Das A-Z wichtiger Methoden und Konzepte für die Produktion von heute.* Wiesbaden: Betriebswirtschaftlicher Verlag Dr. Th. Gabler.

Taub, S. (2012). *Iconicity and metaphor. In: Pfau, R.; Steinbach, M. & Woll, B. (Hrsg.): Sign Language - An international Handbook.* Berlin Boston: Walter de Gruyter.

TCO Development, (2015). *Die Bedingungen für TCO Certified.* http://tcodevelopment.de/tco-certified/die-bedingungen-fur-tco-certified/. abgerufen am 25.12.2015 um 21:00 Uhr.

Tegtmeier, A. (2006). *Augmented Reality als Anwendungstechnologie in der Automobilindustrie.* Dissertation, Otto-von-Guericke-Universität, Fakultät für Maschinenbau, Magdeburg.

Thalmic , (2015). *Produktseite des Herstellers.* https://www.thalmic.com/en/myo/techspecs - abgerufen am 19.03.2015 um 17:41 Uhr.

Timpe, K.-P. & Kolrep, H. (2002). *Das Mensch-Maschine-System als interdisziplinärer Gegenstand. In: Timpe, K.-P.; Jürgensohn, T. & Kolrep, H. (Hrsg.): Mensch-Maschine-Systemtechnik - Konzepte, Modellierung, Gestaltung, Evaluation.* Düsseldorf: Syposion Publishing.

Töpfer, A. & Günther, S. (2007). *Steigerung des Unternehmenswertes durch Null-Fehler-Qualität als strategisches Ziel: Überblick und Einordnung der Beiträge. In: Töpfer, A. & Günther, S. (Hrsg.): Six-Sigma - Konzeption und Erfolgsbeispiele für praktizierte Null-Fehler-Qualität.* Berlin Heidelberg: Springer Verlag.

Tümler, J. (2009). *Untersuchungen zu nutzerbezogenen und technischen Aspekten beim Langzeiteinsatz mobiler Augmented Reality Systeme in industriellen Anwendungen.* Dissertation, Otto-von-Guericke-Universität Magdeburg, Fakultät für Informatik

Tullis, T. & Albert, B. (2009). *Measuring the User Experience: Collecting, Analyzing and Presenting Usability Metrics.* Burlington: Morgan Kaufman Publishers, Elsevier Inc.

Uebbing-Rumke, M. et al. (2014). *Usability Evaluation of Multi-Touch-Displays for TMA Controller Working Positions. Madrid:* Fourth SESAR Innovation Days, November 2014.

ux fellows, (2013). *Thumbs up to gesture-controlled Consumer Electronics.* http://www.uxfellows.com/gesture.php abgerufen am 13.07.2015 um 21:20 Uhr.

VDI 2221 (1993). *Methodik zum Entwickeln und Konstruieren technischer Systeme und Produkte.* In: *VDI-Handbuch Konstruktion,* Berlin: Beuth Verlag.

VDI 3633 Blatt 6 (2001). *Simulation von Logistik - , Materialfluss - und Produktionssystemen - Abbildung des Personals in Simulationsmodellen.* Berlin: Beuth Verlag.

VDI 4499 (2008). *Digitale Fabrik - Grundlagen.* In: *VDI-Handbuch Materialfluss und Fördertechnik,* Berlin: Beuth Verlag.

VDI Nachrichten (2014). *Pantomime vor dem PC.* Ausgabe 23, Düsseldorf: VDI Verlag.

Villamor, C.; Willis, D. & Wroblewski, L., (2010). *Touch Gesture Reference Guide.* http://static.lukew.com/TouchGestureGuide.pdf - abgerufen am 04.04.2015 um 22:00 Uhr.

Vogel-Heuser, B. (2014). *Herausforderungen und Anforderungen aus Sicht der IT und der Automatisierungstechnik.* In: Bauernhansl, T.; ten Hompel, M. & Vogel-Heuser, B. (Hrsg.): *Industrie 4.0 in Produktion, Automatisierung und Logistik - Anwendung, Technologien, Migration.* Wiesbaden: Springer Fachmedien.

Wegerich, A. (2012). *Nutzergerechte Informationsvisualisierung für Augmented Reality Anzeigen.* Dissertation, TU Berlin, Fakultät V für Verkehrs- und Maschinensysteme, Berlin.

Weigert, J. (2008). *Der Weg zum leistungsstarken Qualitätsmanagement - Ein praktischer Leitfaden für die ambulante, teil- und vollstationäre Pflege.* Hannover: Schlütersche Verlagsgesellschaft.

Westkämper, E. (2006). *Einführung in die Organisation der Produktion.* Berlin Heidelberg: Springer Verlag.

Wild, J. (1982). *Grundlagen der Unternehmensplanung.* Reinbek bei Hamburg: VS Verlag für Sozialwissenschaften.

Wolf, K. & Henze, N. (2014). *Comparing Pointing Techniques for Grasping Hands on Tablets.* MobileHCI 2014, Sept 23-26, 2014, Toronto, Canada.

Wrobel, U.R. (2001). *Referenz in Gebärdensprachen: Raum und Person.* Forschungsberichte des Instituts für Phonetik und Sprachliche Kommunikation der Universität München (FIPKM) 37 (2001) 25-50, München.

Zhang, W. (2012). *Microsoft Kinect Sensor and Its Effects.* MultiMedia, IEEE Vol.:19, Issue: 2. University of Missouri: Columbia.

zSpace, (2015). *Produktseite des Herstellers,* http://zspace.com/ abgerufen am 25.12.2015 um 22:30 Uhr.

Literaturverzeichnis

Zühlke, D. (2012). *Nutzergerechte Entwicklung von Mensch-Maschine-Systemen – Useware-Engineering für technische Systeme.* Berlin Heidelberg: Springer Verlag.

Anhang

A. Das Fingeralphabet

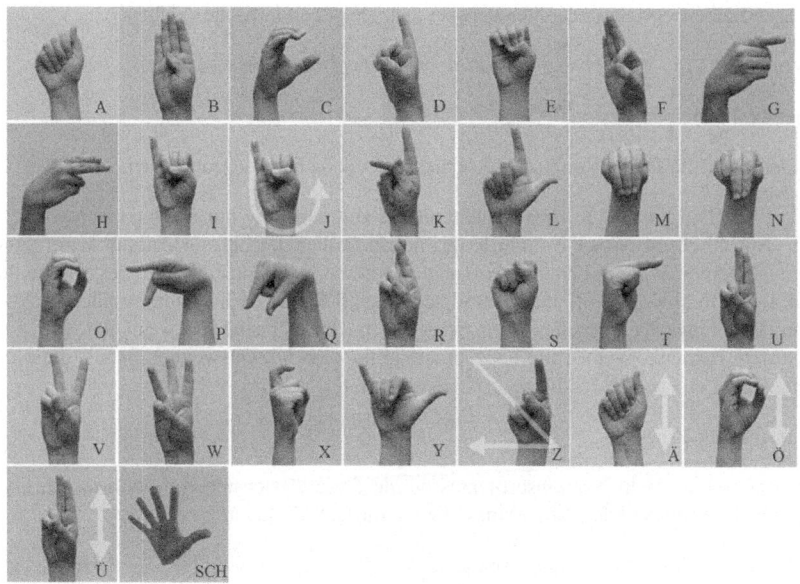

Das Fingeralphabet (nach http://www.silkegold.de/index.php/alphabet.html)

B. Instruktionen und Aufgaben zu den Nutzerstudien durch den Versuchsleiter

Vorbereitung

[Szene laden für Aufgabe 1] [Gesten anpassen für Aufgabe 1] [Simulation starten]
[Fragebogen, Protokoll und Zettel für Lautes Denken nummerieren und bereitlegen]

Begrüßung

[Freundliche Begrüßung der Versuchsperson – Jacke und Tasche ablegen.]

[Vor Beginn die Versuchsperson darum bitten das Handy auszuschalten.]

Liebe/r Teilnehmer/in,

vielen Dank für Deine Bereitschaft an dieser Untersuchung teilzunehmen.

Ich werde Dir gleich ein neues Bedienkonzept zum Umgang mit 3D-Modellen vorstellen. Anschließend wirst Du mithilfe des neuen Bedienkonzeptes 4 Aufgaben am System ausführen. Während Du die Aufgaben ausführst, werde ich die Zeit messen, die du zur Bewältigung der Aufgaben benötigst. Anschließend (nach Erfüllung aller Aufgaben) bekommst Du von mir einen Fragebogen, dieser bezieht sich auf das von Dir getestete Bedienkonzept. Bitte habe Verständnis, dass ich Dir weitere Details der Untersuchung erst nach Beendigung mitteilen kann.

Vorstellung Prototyp

Im Rahmen eines Innovationsprojektes wurde diese Gestensteuerung entwickelt. Die Gestensteuerung soll den Nutzer im Umgang mit 3D-Modellen unterstützen.

[Mit der Versuchsperson zum Tisch gehen]

Das ist der Tisch „MoviA" (Mobile virtuelle Absicherung). Hier [Versuchsleiter zeigt auf zSpace] siehst Du ein zSpace, es ermöglicht eine stereoskopische Sicht, wenn diese [Versuchsleiter zeigt auf Brille] Brille getragen wird. Als Träger der Brille bist du in der Lage visualisierte Daten in 3D zu sehen. Bitte setze die Brille auf. [Vp Brille geben; Versuchsleiter setzt Brille ohne Marker auf]

In der Schublade [Versuchsleiter öffnet Schublade am Tisch und zeigt auf Leap Motion Kontroller] befindet sich der Leap Motion Kontroller. Der Leap Motion Kontroller trackt mithilfe von Infrarotstrahlung die Bewegung deiner Hände [Versuchsleiter hebt seine Hände über den Leap Motion Kontroller]. Alle notwendigen Befehle für die zu erledigenden Aufgaben werden mit den Händen ausgeführt.

Anhang 135

Einleitung Aufgaben

Du bekommst gleich nacheinander Aufgaben mit einer schriftlichen Instruktion. Bitte lese die Instruktion sehr genau. Fragen zur Aufgabenstellung dürfen vor Beginn der Aufgabe gestellt werden. Anschließend zeige ich dir die notwendigen Gesten bzw. Befehle für die Aufgabe. Während du die Aufgabe durchführst, werde ich mithilfe einer Stoppuhr die Zeit messen, die du zur Bewältigung der Aufgabe benötigst. Eine Bedienung des Systems durch die Maus ist nicht notwendig.

Bitte achte bei der Ausführung der Gesten darauf, diese besonders genau auszuführen. Versuche hektische Bewegungen zu vermeiden. Sollte eine Geste nicht erkannt werden, übe sie erneut aus. Hast du Fragen? [ggf. Fragen beantworten]

Aufgabe 1 – Navigation im virtuellen Raum [Gesten: Navigation/Stoppen]

Hast du die Aufgabe verstanden? [Fragen der Versuchsperson beantworten]

[Instruktion der Gesten zu Aufgabe 1]

Zum Lösen dieser Aufgabe benötigst du zwei Gesten. Mithilfe der **Navigationsgeste** kannst du dich selbst im virtuellen Raum bewegen. Die Navigationsgeste wird mit der rechten Hand so ausgeführt: [Versuchsleiter zeigt VP Navigationsgeste]

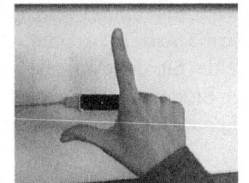

Bitte wiederhole die Geste. [Falls Versuchsperson die Geste falsch wiedergibt, dann verbessern]

Um die Navigation zu **stoppen** bzw. zu beenden musst du mit der Rechten eine flache Hand formen: [Versuchsleiter zeigt VP Geste zum Stoppen der Navigation] Halte dabei die rechte Hand still und lösen langsam die Geste. Bitte wiederhole die Geste. [Falls Versuchsperson die Geste falsch wiedergibt, dann verbessern]. Wenn du jetzt keine Fragen mehr hast, können wir mit der ersten Aufgabe beginnen. Wichtig ist, wenn du der Meinung bist, dass du die Aufgabe erfüllt hast, sage „Fertig" bevor du mit der nächsten Teil-Aufgabe fortfährst.

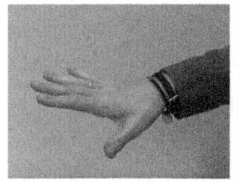

Aufgabe 2 – Objekte im Raum bewegen [Gesten: Greifen/Stoppen, Navigation/Stoppen]

Hast du die Aufgabe verstanden? [Fragen der Versuchsperson beantworten] [Instruktion der Gesten zu Aufgabe 2] Zum Lösen dieser Aufgabe benötigst du zwei weitere Gesten. Mithilfe der **Greifgeste** kannst du Objekte im virtuellen Raum greifen und bewegen. Die Geste wird mit der rechten Hand so ausgeführt: [Versuchsleiter zeigt VP Navigationsgeste] Bitte wiederhole die Geste. [Falls Versuchsperson die Geste falsch wiedergibt, dann verbessern] Wichtig ist, dass du mit der virtuellen Hand das Objekt durchdringst. Ein Objekt kann gegriffen werden, wenn es sich blau verfärbt. Ist es orange eingefärbt, so hast du es virtuell gegriffen und kannst es bewegen.

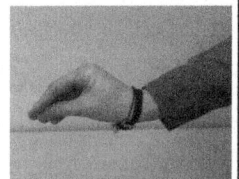

Um das Greifen eines Objektes zu **beenden** musst du mit der Rechten eine flache Hand formen: [Versuchsleiter zeigt VP Geste zum Stoppen der Navigation] Halte dabei die rechte Hand still und löse langsam die Geste. Bitte wiederhole die Geste. [Kontrolle der VP] Wenn du jetzt keine Fragen mehr hast, können wir mit der zweiten Aufgabe beginnen. Wichtig ist, wenn du der Meinung bist, dass du die Aufgabe erfüllt hast, sage „Fertig" bevor du mit der nächsten Teil-Aufgabe fortfährst.

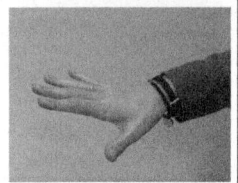

Anhang 137

Aufgabe 3 – Menüfunktionen [Gesten: Menü/Stopp]

Hast du die Aufgabe verstanden? [Fragen der Versuchsperson beantworten]

[Instruktion der Gesten zu Aufgabe 1]

Zum Lösen dieser Aufgabe benötigst du drei Gesten.
Mithilfe der **Menü-Geste** kannst du das Menü öffnen.
Die Geste wird mit der rechten Hand so ausgeführt:
[Versuchsleiter zeigt VP Navigationsgeste] Bitte mache
die Geste nach. [Falls Versuchsperson die Geste falsch
wiedergibt, dann verbessern]. Um im Menü eine **Auswahl** zu tätigen, nutze den Zeigefinger der rechten
Hand und bewege ihn virtuell zum gewünschten Button. Halte die Geste eine kurze Zeit bis die Auswahl
getätigt wurde. [Versuchsleiter zeigt VP die Auswahlgeste] Bitte wiederholen die Geste. [Falls Versuchsperson die Geste falsch wiedergibt, dann verbessern]

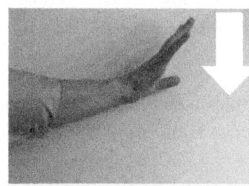

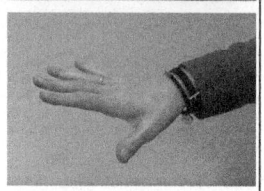

Wenn du im Menü nichts auswählen möchtest, oder die
Auswahl beenden willst dann benötigst du die **Beenden-Geste**. [Versuchsleiter zeigt VP die Beenden-Geste] Bitte wiederhole die Geste. [Falls Versuchsperson die Geste falsch wiedergibt, dann verbessern] Alternativ gibt es die Möglichkeit, dass Menü mit der Auswahl des Buttons „Cancel"
zu schließen.
Wenn du jetzt keine Fragen mehr hast, können wir mit der dritten Aufgabe beginnen.
Wichtig ist, wenn du der Meinung bist, dass du die Aufgabe erfüllt hast, sage „Fertig" bevor du mit der nächsten Teil-Aufgabe fortfährst.

Aufgabe 4 – Use Case Schraubfallplanung Heckleuchte [Gesten: Menü aus]

Hast du die Aufgabe verstanden? [Fragen der Versuchsperson beantworten]. Diese
Aufgabe unterscheidet sich von den drei vorherigen Aufgaben. Ich werde
nicht die Zeit stoppen, die du zur Bewältigung der Aufgabe benötigst. Ich möchte,
dass du mir bei der Bearbeitung dieser Aufgabe deine Gedanken bezüglich des genutzten Bedienkonzeptes mitteilst. Du kannst Kritik, Lob und Verbesserungsvorschläge äußern, sowie alles was dir in Bezug auf das Bedienkonzept in den Sinn
kommt. Sage ein-fach was du denkst, während du die Aufgabe bearbeitest. Solltest
du von dir aus keine Äußerungen tätigen, werde ich dich dazu auffordern. Wann du
die Aufgaben erfüllt hast, liegt in deinem eigenen Ermessen.
Innerhalb der letzten Aufgabe kannst du alle bisher gelernten Gesten nutzen. [Versuchsleiter legt VP Zettel hin mit allen Gesten] Auf diesem Zettel findest du eine
Übersicht aller notwendigen Gesten. Hast du Fragen? [Fragen der Versuchsperson
beantworten]

Aufgabe 1: Navigation im virtuellen Raum

Du befindest dich in einer Fabrikhalle. Vor dir siehst du zwei Tische.

Umkreise mithilfe der Navigationsgeste einmal die in der Halle befindlichen Tische.

Platziere dich mithilfe der Navigationsgeste virtuell vor dem Tisch entsprechend des rechten Bildes. Die Aufgabe ist erfüllt, wenn du anschließend die Navigation beendet hast.

Aufgabe 2: Objekte im Raum bewegen

Vor dir siehst du fünf Bauklötze in zwei Farben. Die grünen Bauklötze sind am Tisch befestigt. Die gelben Bauklötze können von dir bewegt werden.

Bewege einen der gelben Bauklötze mithilfe der Greifgeste.

Baue das rechts abgebildete Bild so gut wie möglich mithilfe der Bauklötze nach. Es können nur die gelben Bauklötze bewegt werden.

Aufgabe 3: Menüfunktionen

Neben der Navigation im Raum und dem Greifen von virtuellen Objekten bietet die Software zudem die Möglichkeit ein Ringmenü zu nutzen. Das Menü

werden. Die Auswahl der Funktionen in diesem Menü hat keine weitere Bedeutung.

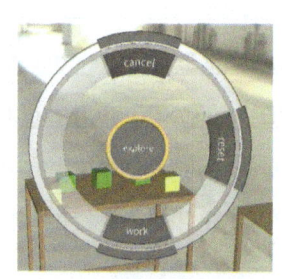

Öffne mithilfe der Menügeste das Menü.

Wähle mithilfe der Auswahlgeste eine beliebige Funktion im Menü aus.

Wenn notwendig, beende die Funktion bzw. das Menü mit der Beenden-Geste.

Aufgabe 4: Use Case Schraubfallplanung Heckleuchte

Die folgende Szene zeigt die Simulation einer Schraubfallplanung am Heck. Bitte teile während der Bearbeitung der Aufgaben deine Gedanken zum Bedienkonzept mit dem Versuchsleiter.

Bewege dich um das Auto (Golf) herum um die Szene kennenzulernen.

Platziere dich entsprechend dem Bild rechts.

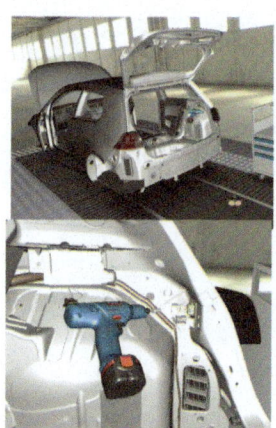

Greife den Schrauber und führen diesen, wenn möglich, zum Verbauort (Siehe Bild rechts).

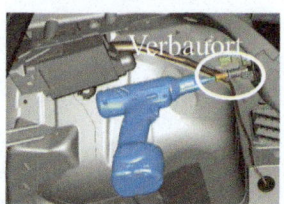

Aufgabe 5: Abgleich der Attraktivität und Positionsgenauigkeit von 3D-Maus, Stift/Stylus und Gestensteuerung

Vor dir siehst du fünf Pappkartons in zwei Farben. Die braunen Pappkartons sind am Tisch befestigt. Die grünen Pappkartons können von Dir bewegt werden.

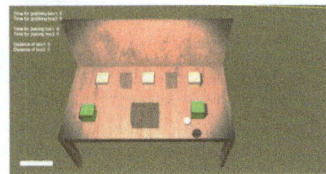

Bewege einen der grünen Pappkartons mithilfe der jeweiligen Funktion der 3D-Maus, des Stiftes oder der Gestensteuerung.
Baue das rechts abgebildete Bild so gut wie möglich mithilfe der Pappkartons nach.
Es können nur die grünen Pappkartons bewegt werden. Bitte starte mit der Position des Cursors in der durchsichtigen Box vorne am Tisch und bewege diesen Cursor nach dem Positionieren der ersten Box ebenfalls hier kurz durch. (Dieses wird zur automatischen Messung der Zeit benötigt)

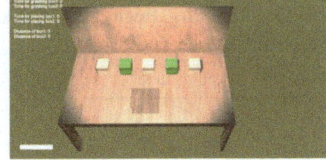

Anhang 141

C. Fragebogen der Nutzerstudie

 **Fragebogen zur Erfassung der Nutzerfreundlichkeit einer Gestensteuerung beim Umgang mit 3D-Modellen**

Der Fragebogen dient der Evaluation der Nutzerfreundlichkeit einer Gestensteuerung für die IC.IDO Software (v. 10.1) im Rahmen eines Innovationsprojektes. Die Evaluation ist Teil des Projektes „Mobile Unterstützung in der Produktion und Planung", welches sich mit dem Einsatz von innovativen Werkzeugen und Methoden in den Planungsprozessen auseinandersetzt. Langfristiges Ziel ist es, Planungssysteme nutzerfreundlicher und intuitiver zu gestalten, um allen Beteiligten die Arbeit mit diesen zu erleichtern.

Hinweise zum Ausfüllen des Fragebogens

Bitte nutzen Sie zum Ausfüllen des Fragebogens einen schwarzen oder blauen Kugelschreiber. Beantworten Sie bitte jede Frage. Sollten Unklarheiten oder Fragen auftauchen, melden Sie sich beim Versuchsleiter.

Beispiel: Aussagen Zustimmung

Beim folgenden Beispiel sollen Sie angeben, inwieweit Sie der aufgeführten Aussage auf einer Skala von 1 (Stimme gar nicht zu) bis 5 (Stimme voll und ganz zu) zustimmen. Bitte nutzen Sie die Kreise zum Ankreuzen und bewerten Sie jede Aussage hinsichtlich Ihrer persönlichen Zustimmung.

Teilnehmer-Nr. _____

142   Anhang

	Stimme gar nicht zu	Stimme nicht zu	teils teils	Stimme zu	Stimme voll und ganz zu
	1	2	3	4	5
Ich finde das Produkt gut.	O	O	O	⊗	O

Mit dieser Beurteilung sagen Sie aus, dass Sie der Aussage „Ich finde das Produkt gut." zustimmen.

Beispiel: Gegensatzpaare

Das folgende Beispiel zeigt Gegensatzpaare von Eigenschaften, die ein Bedienkonzept haben kann. Bitte kreuzen Sie immer eine Antwort an, auch wenn Sie bei der Einschätzung zu einem Begriffspaar unsicher sind oder finden, dass es nicht so gut zur Gestensteuerung passt.

attraktiv O ⊗ O O O O O unattraktiv

Mit dieser Beurteilung sagen Sie aus, dass Sie das Produkt eher attraktiv als unattraktiv einschätzen.

Es gibt keine „richtige" oder „falsche" Antwort. Ihre persönliche Meinung zählt!

Anhang 143

Teilnehmer-Nr. _____

1) Bitten kreuzen Sie Ihr Geschlecht an.

○ weiblich

○ männlich

2) Welche ist Ihre dominante Hand? Bitte kreuzen Sie an.

○ rechts

○ links

3) Bitte geben Sie Ihre Erfahrung im Umgang mit 3D Visualisierungssoftware an. Beispiele: HLS, VisMockUp, Process Designer, Process Simulate, IC.IDO, Interviews-3D

○ geschätzte Anzahl in Jahren: _____

○ geschätzte Anzahl in Monaten: _____

Teilnehmer-Nr. _____

4) **Bitte kreuzen Sie an, ob Sie Erfahrung mit folgenden Bedienkonzepten haben.**

Erfahrung

		Beispiele	Ja	Nein
1	Touchscreen	Tablet, iPad, Smartphone	○	○
2	Touchpad	Laptop, Apple Magic Trackpad	○	○
3	Maus + Tastatur	Windows oder Apple Rechner	○	○
4	3D-Maus	Space Mouse	○	○
5	Stift	Stylus für zSpace	○	○
6	Wii-Controller	Spielekonsole	○	○
7	Kinect	Spielekonsole	○	○
8	Sprache	TV, Handy (Apple Siri, Google)	○	○

5) Bitte geben Sie ihre <u>Fähigkeiten im Umgang mit technischen Produkten</u> auf einer Skala von 1 (Keine Fähigkeiten) bis 7 (Sehr starke Fähigkeiten) an.

	1	2	3	4	5	6	7	
Keine Fähigkeiten	O	O	O	O	O	O	O	Sehr starke Fähigkeiten

6) Bitte beurteilen Sie Ihr <u>Interesse an technischen Produkten</u> auf einer Skala von 1 (Kein Interesse) bis 7 (Sehr starkes Interesse).

	1	2	3	4	5	6	7	
Kein Interesse	O	O	O	O	O	O	O	Sehr starkes Interesse

Teilnehmer-Nr. _____

7) **Bitte bewerten Sie die folgenden Aussagen auf einer Skala von 1 (Stimme überhaupt nicht zu) bis 5 (Stimme voll und ganz zu). Bitte kreuzen Sie nur einen Kreis pro Zeile an.**

	Stimme gar nicht zu	Stimme nicht zu	Teils Teils	Stimme zu	Stimme voll und ganz zu
	1	2	3	4	5
Ich denke, dass ich die Gestensteuerung gerne häufig benutzen würde.	O	O	O	O	O
Ich fand die Gestensteuerung unnötig komplex.	O	O	O	O	O
Ich fand die Gestensteuerung einfach zu benutzen.	O	O	O	O	O
Ich glaube, ich würde die Hilfe einer technisch versierten Person benötigen, um die Gestensteuerung benutzen zu können.	O	O	O	O	O
Ich fand, dass die verschiedenen Funktionen der Gestensteuerung gut integriert waren.	O	O	O	O	O
Ich denke, die Gestensteuerung enthielt zu viele Inkonsistenzen.	O	O	O	O	O
Ich kann mir vorstellen, dass die meisten Menschen den Umgang mit der Gestensteuerung sehr schnell lernen.	O	O	O	O	O
Ich fand die Gestensteuerung sehr umständlich zu nutzen.	O	O	O	O	O

Ich fühlte mich bei der Benutzung der Gestensteuerung sehr sicher.	○	○	○	○	○
Ich musste eine Menge lernen, bevor ich anfangen konnte die Gestensteuerung zu verwenden.	○	○	○	○	○

Anhang

Teilnehmer-Nr. _____

Die folgende Frage besteht aus Gegensatzpaaren von Eigenschaften, die die Gestensteuerung haben kann. Abstufungen zwischen den Gegensätzen sind durch Kreise dargestellt. Durch Ankreuzen eines dieser Kreise können Sie Ihre Zustimmung zu einem Begriff äußern.

8) Bitte geben Sie nun Ihre Einschätzung zur Gestensteuerung ab. Kreuzen Sie bitte nur einen Kreis pro Zeile an.

	1	2	3	4	5	6	7		
unerfreulich	O	O	O	O	O	O	O	erfreulich	1
unverständlich	O	O	O	O	O	O	O	verständlich	2
kreativ	O	O	O	O	O	O	O	phantasielos	3
leicht zu lernen	O	O	O	O	O	O	O	schwer zu lernen	4
wertvoll	O	O	O	O	O	O	O	minderwertig	5
langweilig	O	O	O	O	O	O	O	spannend	6
uninteressant	O	O	O	O	O	O	O	interessant	7
unberechenbar	O	O	O	O	O	O	O	voraussagbar	8
schnell	O	O	O	O	O	O	O	langsam	9
originell	O	O	O	O	O	O	O	konventionell	10
behindernd	O	O	O	O	O	O	O	unterstützend	11
gut	O	O	O	O	O	O	O	schlecht	12
kompliziert	O	O	O	O	O	O	O	einfach	13
abstoßend	O	O	O	O	O	O	O	anziehend	14
herkömmlich	O	O	O	O	O	O	O	neuartig	15
unangenehm	O	O	O	O	O	O	O	angenehm	16
sicher	O	O	O	O	O	O	O	unsicher	17
aktivierend	O	O	O	O	O	O	O	einschläfernd	18
erwartungskonform	O	O	O	O	O	O	O	nicht erwartungskonform	19
ineffizient	O	O	O	O	O	O	O	effizient	20
übersichtlich	O	O	O	O	O	O	O	verwirrend	21
unpragmatisch	O	O	O	O	O	O	O	pragmatisch	22
aufgeräumt	O	O	O	O	O	O	O	überladen	23
attraktiv	O	O	O	O	O	O	O	unattraktiv	24
sympathisch	O	O	O	O	O	O	O	unsympathisch	25
konservativ	O	O	O	O	O	O	O	innovativ	26

Vielen Dank für Ihre Teilnahme!

D. Ergebnisse des Lauten Denkens

Die nachfolgende Tabelle zeigt alle Aussagen mit der dazugehörigen Nennungshäufig- keit und Kategorisierung. Zusätzlich ist die Wertung der Aussagen zu sehen, wobei p für positiv, n für negativ und o für neutral steht. Die Abkürzungen für die Kategorien lauten: A = Allgemein, D = Darstellung, E = Ergonomie, FG = Funktion Greifen, FN = Funktion Navigation, G = Gesten, S = Software und T = Tracking.

Nr.	Kategorie		Wertung (p/n/o)	
1	A	Mit ein wenig Übung ist die Bedienung des Systems sehr einfach.	p	1
2	A	Mein Ehrgeiz ist geweckt, ich möchte die Aufgabe schaffen.	p	1
3	A	In diesem Szenario würde man eigentlich mit der linken Hand verschrauben.	n	1
4	A	Ich würde gern eine Kollisionsuntersuchung mit dem Prototyp durchführen.	p	1
5	A	Ich wünsche mir, dass man selbst einstellen kann wie sensitiv die Steuerung ist.	o	1
6	A	Ich wünsche mir, dass ich einzelne Objekte in der Szene direkt mithilfe einer Geste vergrößern kann.	o	1
7	A	Ich wünsche mir einen Touchscreen zur Bedienung des Menüs.	o	1
8	A	Ich wäre schneller wenn ich eine Tastatur und Maus verwenden dürfte.	n	3
9	A	Ich habe vom System mehr erwartet. Ich dachte die Bedienung wäre leichter.	n	1
10	A	Ich finde diese Art der Steuerung ungewohnt.	n	1
11	A	Ich finde die Bedienung insgesamt sehr einfach.	p	1
12	A	Ich finde die Bedienung gewöhnungsbedürftig.	n	1
13	A	Ich finde die Bedienung des Systems insgesamt intuitiv und anwenderfreundlich.	p	1
14	A	Ich finde das System nicht gut.	n	1
15	A	Ich finde das System konsistent.	p	1
16	A	Ich finde das System ist sehr sensibel und das erschwert die Bedienung.	n	3
17	A	Ich finde das Bedienkonzept einfach und schnell zu erlenen.	p	1
18	A	Ich fände ein Head Tracking sehr hilfreich, dann wäre eine Navigation manchmal nicht mehr notwendig.	o	1

Nr.	Kategorie		Wertung (p/n/o)	
19	A	Ich denke mit einer gewissen Vorerfahrung mit 3D-Daten ist die Bedienung einfacher.	o	1
20	A	Ich denke ein haptisches Feedback ist nicht notwendig.	o	1
21	A	Ich denke die Empfindlichkeit der Steuerung könnte bei grobmotorisch veranlagten Menschen schwierig sein.	n	1
22	A	Ich bin ein wenig frustriert, weil sich das System anders verhält als ich es möchte.	n	1
23	A	Die Idee des Bedienkonzeptes finde ich gut, die Software ist aber noch verbesserungsfähig.	p	1
24	A	Die Gestensteuerung ist für Detailarbeiten ungeeignet.	n	1
25	A	Die Gestensteuerung finde ich gut.	p	2
26	A	Die Befehlsanzeige auf der Hand sollte anders dargestellt werden, jetzt ist sie nicht lesbar.	n	1
27	A	Die gleichzeitige Bedienung von Navigation und Greifen ist sehr schwierig.	n	3
28	A	Die Bedienung ist intuitiv.	p	1
29	A	Die Bedienung des Systems ist anfangs ungewohnt.	n	2
30	A	Der Aufbau des immersiven Menüs macht für mich Sinn.	p	1
31	A	Das System wirkt unberechenbar.	n	1
32	A	Das System verhält sich anders als erwartet.	n	2
33	A	Das System macht Spaß.	p	4
34	D	Ich wünsche mir die Visualisierung eines Menschmodells für eine bessere Immersion.	o	1
35	D	Ich finde die Darstellung nicht gut. Sie ist unrealistisch, diese Position würde ich im Auto nicht einnehmen.	n	2
36	D	Die 3D-Visualisierung unterstützt meine Vorstellungskraft.	p	3
37	D	Die 3D-Visualisierung sieht sehr gut aus.	p	4
38	E	Ich finde die Bedienung nicht anstrengend.	p	1
39	E	Ich finde die Bedienung auf Dauer sehr anstrengend für die Hand	n	8
40	E	Die Bewegung meiner realen Hände ist anatomisch begrenzt.	o	1
41	FG	Wenn ich den Schrauber loslasse bewegt er sich weiter. Das habe ich nicht beabsichtigt.	n	2
42	FG	Ich verstehe nicht wie ich den Schrauber korrekt positionieren kann.	n	1

Nr.	Kategorie		Wertung (p/n/o)	
43	FG	Ich möchte mit der linken Hand ebenfalls Greifen können.	o	1
44	FG	Ich hätte gern ein haptisches Feedback beim Greifen.	o	2
45	FG	Ich finde das Verhalten vom Schrauber zur Hand, sowohl in der Darstellung als auch in der Ausführung unrealistisch.	n	8
46	FG	Ich finde das Greifen und Loslassen von Objekten sehr umständlich.	n	1
47	FG	Eine genaue Positionierung des Schraubers ist nicht möglich.	n	3
48	FG	Ein Drehen des Schraubers ist nicht möglich.	n	2
49	FG	Die Positionierung und Bedienung des Schraubers ist zu schwierig.	n	7
50	FG	Der Schrauber verhält sich anders als erwartet.	n	4
51	FG	Das Greifen eines Objektes funktioniert gut.	p	1
52	G	Ich wünsche mir eine geschlossene Hand als Geste zum Greifen.	o	2
53	G	Ich finde die Geste für die Navigation intuitiv.	p	1
54	G	Ich finde die Geste für das Menü nicht gut gewählt.	n	1
55	G	Die Gesten sind einfach zu merken.	p	1
56	G	Ich finde die Auswahl der Gesten gut.	p	1
57	G	Ich finde die ausgewählten Gesten verständlich.	p	1
58	G	Ich finde die Geste für die Navigation gut, weil sie mir zeigt wohin ich mich virtuell bewege.	p	2
59	G	Die Geste zum Abbrechen eines Befehls ist schwer einzunehmen und funktioniert nicht gut.	n	2
60	FN	Ich wünsche mir die Trennung von Blickrichtung und Bewegungsrichtung.	o	1
61	FN	Ich verstehe nicht wie ich die Geschwindigkeit der Navigation beeinflussen kann.	n	1
62	FN	Ich finde die Navigation sehr gut.	p	6
63	FN	Ich finde die Navigation sehr einfach.	p	1
64	FN	Ich finde die Navigation sehr angenehm.	p	1
65	FN	Ich finde die Navigation schwer und nicht intuitiv.	n	1
66	FN	Ich finde die Navigation intuitiv.	p	3
67	FN	Ich finde die Geste für die Navigation gut.	p	1
68	FN	Ich finde den Navigationsmodus irritierend. Er suggeriert mir, dass ich fliegen kann.	n	1

Nr.	Kategorie		Wertung (p/n/o)	
69	FN	Drehbewegungen bei der Navigation sind teilweise unerwartet schnell.	n	1
70	FN	Die Geschwindigkeit der Navigation könnte schneller sein.	o	6
71	FN	Eine Rückspulfunktion wäre hilfreich	o	7
72	S	Es fehlt eine Rückmeldung wann die Geste vom System erkannt wird.	n	2
73	S	Der Schrauber fällt nicht runter wenn ich ihn loslasse, dass finde ich sehr gut.	p	1
74	S/T	Ich finde die Zeit zwischen dem Ausführen einer Geste und dem Auslösen des dazugehörigen Befehls zu lang. (Latenz bei der Befehlsausführung)	n	6
75	T	Meine Hände werden vom System nicht immer richtig erkannt.	n	2
76	T	Ich wünsche mir eine direkte Übersetzung von der realen Bewegung zur virtuellen Bewegung meiner Hand.	n	4
77	T	Ich wünsche mir eine direkte Reaktion des Systems auf meine Geste.	n	1
78	T	Ich finde es nicht gut, dass die reale Bewegung meiner Hand nicht direkt in den virtuellen Raum übersetzt wird.	n	1
79	T	Es werden ungewollt Befehle ausgelöst und abgebrochen.	n	6
80	T	Die Größe des Trackingbereichs ist nicht erkennbar.	n	1
81	T	Der Interaktionsradius ist zu klein.	n	5
82	T	Das System ist fehleranfällig bei hektischen und komplexeren Bewegungen.	n	4
83	T	Das System hat anscheinend Probleme beim Tracking.	n	2
84	T/A	Das System ist fehlerhaft. Es reagiert nicht auf die Gesten wie erwartet.	n	1

Anhang 153

E. Identifizierte Verbesserungspotenziale

Nachfolgend sind zwei Tabellen abgebildet. Die erste Tabelle enthält die identifizierten Aussagen, welche Äußerungen von Verbesserungswünschen oder Problemen enthalten. Drei Aussagen wurden bei der Entwicklung der Potenziale ausgeschlossen, da sie dem Grundgedanken der Gestensteuerung wiedersprechen. Das betrifft die Aussagen Nr. 7 und 44. Weiterhin wurde die Aussage Nr. 60 ausgeschlossen, da die dort geforderte Funktion bereits am getesteten Prototyp umgesetzt ist. Die zweite Tabelle enthält die daraus entwickelten Verbesserungspotenziale mit einem Verweis aus welchen Aussagen dieses Potenzial abgeleitet wurde.

		Nennungshäufigkeit
45	Ich finde das Verhalten vom Schrauber zur Hand sowohl in der Darstellung als auch in der Ausführung unrealistisch.	8
49	Die Positionierung und Bedienung des Schraubers ist zu schwierig.	7
48	Ein Drehen des Schraubers ist nicht möglich.	2
50	Der Schrauber verhält sich anders als erwartet.	4
76	Ich wünsche mir eine direkte Übersetzung von der realen Bewegung zur virtuellen Bewegung meiner Hand.	4
78	Ich finde es nicht gut, dass die reale Bewegung meiner Hand nicht direkt in den virtuellen Raum übersetzt wird.	1
75	Meine Hände werden vom System nicht immer richtig erkannt.	2
79	Es werden ungewollt Befehle ausgelöst und abgebrochen.	6
82	Das System ist fehleranfällig bei hektischen und komplexeren Bewegungen.	4
83	Das System hat anscheinend Probleme beim Tracking.	2
84	Das System ist fehlerhaft. Es reagiert nicht auf die Gesten wie erwartet.	1
80	Die Größe des Trackingbereichs ist nicht erkennbar.	1
81	Der Interaktionsradius ist zu klein.	5
74	Ich finde die Zeit zwischen dem Ausführen einer Geste und dem Auslösen des dazugehörigen Befehls zu lang. (Latenz bei der Befehlsausführung)	6
26	Die Befehlsanzeige auf der Hand sollte anders dargestellt werden, Ich kann sie so nicht ablesen.	1

		Nennungshäufigkeit
72	Es fehlt eine Rückmeldung wann die Geste vom System erkannt wird.	2
3	In diesem Szenario würde man eigentlich mit der linken Hand verschrauben.	1
43	Ich möchte mit der linken Hand ebenfalls Greifen können.	1
47	Eine genaue Positionierung des Schraubers ist nicht möglich.	3
59	Die Geste zum Abbrechen eines Befehls ist schwer einzunehmen und funktioniert nicht gut.	2
41	Wenn ich den Schrauber loslasse bewegt er sich weiter. Das habe ich nicht beabsichtigt.	2
46	Ich finde das Greifen und Loslassen von Objekten sehr umständlich.	1
5	Ich wünsche mir, dass man selbst einstellen kann wie sensitiv die Steuerung ist.	1
16	Ich finde das System ist sehr sensibel und das erschwert die Bedienung.	3
21	Ich denke die Empfindlichkeit der Steuerung könnte bei grobmotorisch veranlagten Menschen schwierig sein.	1
70	Die Geschwindigkeit der Navigation könnte schneller sein.	6
18	Ich fände ein Head Tracking sehr hilfreich, dann wäre eine Navigation manchmal nicht mehr notwendig.	1
6	Ich wünsche mir, dass ich einzelne Objekte in der Szene direkt mithilfe einer Geste vergrößern kann.	1
54	Ich finde die Geste für das Menü nicht gut gewählt.	1
52	Ich wünsche mir eine geschlossene Hand als Geste zum Greifen.	2
34	Ich wünsche mir die Visualisierung eines Menschmodells für eine bessere Immersion.	1

Anhang

		Summierte Nennungshäufigkeit
1	Das Tracking der Hände muss verbessert werden. (45, 49, 48, 50, 52, 76, 78, 75, 79, 82, 83, 84, 81)	44
1.1.	Das Tracking muss Rotationsbewegungen der Hände erfassen. (45, 49, 48, 50 76,78)	26
1.2.	Das Tracking soll Gesten zuverlässig erkennen. (49, 75, 79, 82, 83, 84)	22
1.3.	Der Interaktionsraum zur Bedienung des Systems soll vergrößert werden. (81)	5
2	Die visualisierten Anwenderhände sollen nach dem Selektieren eines virtuellen Objektes starr mit diesem verbunden sein. (45, 49, 48)	17
3	Die Reaktionszeit des Systems soll verkürzt werden. (74)	6
4	Integration einer sichtbaren und zugleich immersiven Anzeige für den aktuellen Systemstatus. (26, 72)	3
5	Die Bedienung des Systems soll mit beiden Händen möglich sein. Das Manipulieren von Objekten soll sowohl mit der linken, als auch mit der rechten Hand möglich sein. Gleiches gilt für das Beenden von Befehlen mithilfe der Abbrechen-Geste. (5,16,21,70)	15
6	Es soll die Möglichkeit geben die Systemsensibilität und die Navigationsgeschwindigkeit anzupassen. (5, 16, 21, 70)	11
7	Der Einsatz des im zSpace integrierten Head Tracking soll möglich sein. (18)	1
8	Der Nutzer soll die Möglichkeit haben vorhandene Funktionen der Software mit einer (selbstgewählten) Geste direkt nutzen zu können. (6, 54, 52)	4
9	Es soll mithilfe der Gestensteuerung ein Menschmodell eingebunden und bewegt werden können. (34)	1
10	Es soll eine Rückspulfunktion die Möglichkeit geben, wieder in die Ausgangsposition zu gelangen (71)	7

F. User Experience Questionnaire

Item	M	V	SD	n	Item Pool Links	Rechts	Skala
1	1,5	3,4	1,9	13	unerfreulich	erfreulich	Attraktivität
2	1,6	1,4	1,2	13	unverständlich	verständlich	Durchschaubarkeit
3	1,3	1,6	1,3	13	kreativ	phantasielos	Originalität
4	1,8	0,9	0,9	13	leicht zu lernen	schwer zu lernen	Durchschaubarkeit
5	1,1	2,1	1,4	12	wertvoll	minderwertig	Stimulation
6	1,2	3,5	1,9	13	langweilig	spannend	Stimulation
7	1,8	1,7	1,3	13	uninteressant	interessant	Stimulation
8	-0,3	2,2	1,5	13	unberechenbar	voraussagbar	Steuerbarkeit
9	0,0	2,3	1,5	13	schnell	langsam	Effizienz
10	1,5	1,8	1,3	13	originell	konventionell	Originalität
11	1,4	1,6	1,3	13	behindernd	unterstützend	Steuerbarkeit
12	1,3	2,2	1,5	13	gut	schlecht	Attraktivität
13	1,4	1,1	1,0	13	kompliziert	einfach	Durchschaubarkeit
14	1,5	2,8	1,7	13	abstoßend	anziehend	Attraktivität
15	1,8	1,7	1,3	13	herkömmlich	neuartig	Originalität
16	1,2	2,6	1,6	13	unangenehm	angenehm	Attraktivität
17	0,6	3,3	1,8	13	sicher	unsicher	Steuerbarkeit
18	1,8	1,7	1,3	13	aktivierend	einschläfernd	Stimulation
19	0,4	3,3	1,8	13	erwartungskonform	nicht erwartungskonform	Steuerbarkeit
20	0,2	3,1	1,7	12	ineffizient	effizient	Effizienz
21	1,2	2,6	1,6	13	übersichtlich	verwirrend	Durchschaubarkeit
22	0,8	2,5	1,6	13	unpragmatisch	pragmatisch	Effizienz
23	2,0	1,0	1,0	13	aufgeräumt	überladen	Effizienz
24	1,5	2,4	1,6	13	attraktiv	unattraktiv	Attraktivität
25	1,2	2,2	1,5	13	sympathisch	unsympathisch	Attraktivität
26	2,2	0,8	0,9	13	konservativ	innovativ	Originalität

Anhang

UEQ Auswertung der Skalen

Skalen	M	SD	n
Attraktivität	1,372	1,516	13
Durchschaubarkeit	1,481	1,038	13
Effizienz	0,776	0,879	13
Steuerbarkeit	0,519	1,397	13
Stimulation	1,442	1,213	13
Originalität	1,673	0,992	13

Auswertung UEQ Skalenkonsistenz

Attraktivität		Durchschaubarkeit		Effizienz		Steuerbarkeit		Stimulation		Originalität	
Items	Korrelation	Items	Korrelation	Items	Korrealtion	Items	Korrelation	Items	Korrelation	Items	Korrelation
1, 12	0,82	2, 4	0,52	9, 20	0,63	8, 11	0,47	5, 6	0,76	3, 10	0,66
1, 14	0,86	2, 13	0,80	9, 22	-0,28	8, 17	0,79	5, 7	0,84	3, 15	0,66
1, 16	0,94	2, 21	0,72	9, 23	0,22	8, 19	0,60	5, 18	0,74	3, 26	0,55
1, 24	0,80	4, 13	0,53	20, 22	-0,05	11, 17	0,69	6, 7	0,50	10, 15	0,45
1, 25	0,78	4, 21	0,63	20, 23	0,37	11, 19	0,63	6, 18	0,33	10, 26	0,35
12, 14	0,87	13, 21	0,70	22, 23	0,00	17, 19	0,87	7, 18	0,70	15, 26	0,82
12, 16	0,87	DK	0,65	DK	0,15	DK	0,67	DK	0,64	DK	0,58
12, 24	0,89	Alpha	0,88	Alpha	0,41	Alpha	0,89	Alpha	0,88	Alpha	0,85
12, 25	0,87										
14, 16	0,89										
14, 24	0,91										
14, 25	0,86										
16, 24	0,82										
16, 25	0,82										
24, 25	0,92										
DK	0,86										
Alpha	0,97										

Auswertung UEQ im Benchmark mit Bedeutung

Skala	M	Vergleich zum Benchmark	Bedeutung
Attraktivität	1,372	Überdurchschnittlich	25% der Ergebnisse besser, 50% der Ergebnisse schlechter
Durchschaubarkeit	1,481	Gut	10% der Ergebnisse besser, 75% der Ergebnisse schlechter
Effizienz	0,776	Unterdurchschnittlich	50% der Ergebnisse besser, 25% der Ergebnisse schlechter
Steuerbarkeit	0,519	Schlecht	Unter den schlechtesten 25% der bisher beobachteten Ergebnisse
Stimulation	1,442	Überdurchschnittlich	10% der Ergebnisse besser, 75% der Ergebnisse schlechter
Originalität	1,673	Exzellent	Unter den besten 10% bisher beobachteter Ergebnisse

UEQ - Mittelwertgrenzen des Benchmarks

	Untergrenze	Schlecht	Unterdurchschnittlich	Überdurchschnittlich	Gut	Exzellent	Mittelwerte der Untersuchung
Attraktivität	-1,00	0,65	0,44	0,41	0,22	0,78	1,372
Durchschaubarkeit	-1,00	0,53	0,37	0,47	0,45	0,68	1,481
Effizienz	-1,00	0,5	0,34	0,47	0,33	0,86	0,776
Steuerbarkeit	-1,00	0,7	0,36	0,34	0,2	0,9	0,519
Stimulation	-1,00	0,52	0,48	0,31	0,19	1	1,442
Originalität	-1,00	0,24	0,39	0,33	0,38	1,16	1,673

G. Anzahl erfüllter Aufgaben

Aufgabe	1		2		3		
	A	B	A	B	A	B	C
Anzahl Teilnehmer die die Aufgabe erfolgreich lösten	13	13	13	0	13	13	-
Anzahl Teilnehmer insgesamt (n)	13	13	13	13	13	13	13

H. Ergebnisse der internationalen Gestenbefragung

Geste 1

	Hat die Geste in Ihrem Land eine Bedeutung?		Von welcher Art ist die Bedeutung?			Beschreiben Sie die Bedeutung
Land	ja	nein	Positiv	Negativ	Neutral	Kommentare
Deutschland (15)	x				x	Richtung zeigen; Auf etwas zeigen; Auswahl; auf etw. aufmerksam machen;
Mexiko (5)	(x)	x				keine; etw. auswählen;
Brasilien (2)		x				keine;
China (4)		x				
Spanien (7)	(x)	x			(x)	(etw. auswählen); (konkretisieren von etw.); (beschreiben von etw.);
Polen (3)	x				x	auf etw. zeigen;
Großbritannien (2)	x				x	auf etw. zeigen;
Italien		x				
Österreich	x				x	auf etw. zeigen;
Syrien		x				
Israel		x				

Anhang

Geste 2

Land	ja	nein	Positiv	Negativ	Neutral	Beschreiben Sie die Bedeutung
Deutschland	x		x			"Top"; etw. gut finden; Zustimmung; alles OK/i.O.;
Mexiko	x		x			OK; Richtig; Zustimmung;
Brasilien	x		x			OK;richtig;positives Signal;
China	x		x			Super;gut;Lob;
Spanien	x		x			Top; gut; Zustimmung; OK; "OK - warte";
Polen	x		x			gut
Großbritannien	x		x			gut;OK;
Italien	x		x			gut gemacht;
Österreich	x		x			i.O.;alles gut;
Syrien	x		x			Motivation, Akzeptanz, Zusage;
Israel	x		x			gut;

Geste 3						
	Hat die Geste in Ihrem Land eine Bedeutung?		Von welcher Art ist die Bedeutung?			Beschreiben Sie die Bedeutung.
Land	ja	nein	Positiv	Negativ	Neutral	
Deutschland	(x)	x		(x)		keine; kann agressiv wirken; greifen;
Mexiko		x				keine;
Brasilien		x				keine;
China	x		(x)	x		Provokation; Aggression; ("ich habe es im Griff"); (stark);
Spanien		x				keine;
Polen		x				
Großbritannien		x				
Italien		x				
Österreich	x			x		Verärgerung
Syrien		x				
Israel	x			x		"billig sein" (beleidigend);

Anhang 163

Geste 4

Land	ja	nein	Positiv	Negativ	Neutral	Beschreiben Sie die Bedeutung.
Deutschland	(x)	x			(x)	keine; nicht festgelegt sein; sich die Waage halten; "schwammig"; Fliegen;
Mexiko	(x)	x				keine; (relativieren);
Brasilien		x				
China	(x)	x	x			(Harmonie);
Spanien	x		(x)		x	mehr oder weniger; so, so; (Freiheit);
Polen		x			x	vielleicht;vielleicht ja, vielleicht nein;
Großbritannien		x				
Italien		x				
Österreich		x				
Syrien		x				
Israel		x				

Spalten-Überschriften oben: Hat die Geste in Ihrem Land eine Bedeutung? — Von welcher Art ist die Bedeutung? — Beschreiben Sie die Bedeutung.

Geste 5

Land	Hat die Geste in Ihrem Land eine Bedeutung? ja	nein	Von welcher Art ist die Bedeutung? Positiv	Negativ	Neutral	Beschreiben Sie die Bedeutung.
Deutschland	x	(x)			x	(keine); still sein (Aufforderung); etw. greifen;
Mexiko	(x)	x		(x)		keine; (Angst haben);
Brasilien		x				
China	x	(x)	x	x	x	Zahl 7; Symbol für Tier; Zusammenfassen;
Spanien	(x)	x			(x)	Marionette; öffnen und schließen des Mundes;
Polen		x				
Großbritannien		x				
Italien		x				
Österreich	x			x		jemand redet zu viel;
Syrien		x				
Israel		x				

Anhang

Geste 6

Land	ja	nein	Positiv	Negativ	Neutral	Beschreiben Sie die Bedeutung.
						Hat die Geste in Ihrem Land eine Bedeutung? / Von welcher Art ist die Bedeutung?
Deutschland	x	(x)		x		Abwinken; Beruhigen; Homosexuell; "Runterdrücken"; Abwählen; (keine);
Mexiko	(x)	x			(x)	keine; (malern);
Brasilien		x				
China	x			(x)	x	Stop; "Komm her"; hinsetzen; (am Ende wird alles gut); (komm mal her! (ärgerlich));
Spanien	(x)	x	(x)	(x)		
Polen	x				x	Homosexualität;
Großbritannien		x				
Italien		x				
Österreich	x			x		Homosexualität;
Syrien		x				
Israel		x				

Geste 7	Hat die Geste in Ihrem Land eine Bedeutung?		Von welcher Art ist die Bedeutung?			Beschreiben Sie die Bedeutung.
Land	ja	nein	Positiv	Negativ	Neutral	
Deutschland		x				keine
Mexiko		x				keine
Brasilien		x				
China	x		(x)	x		Aggression; "Pistole"; (glücklich); ("8"); ("genaues Ziel");
Spanien	(x)	x				keine; (Richtung);
Polen		x				
Großbritannien		x				
Italien		x				
Österreich	x			x		Loser;
Syrien		x				
Israel		x				

Anhang

Geste 8

	Hat die Geste in Ihrem Land eine Bedeutung?	Von welcher Art ist die Bedeutung?	Beschreiben Sie die Bedeutung

Land	ja	nein	Positiv	Negativ	Neutral	
Deutschland	x		x			alles OK (Tauchen); gut; "passt"; "gut gemacht"; hohe Qualität;
Mexiko	x		x			Perfekt; gut;
Brasilien	x		x	x		OK; Arschloch;
China	x		x		(x)	OK; "3";
Spanien						OK;
	x		x			Super; sehr gut; Zustimmung; Perfekt;
Polen	x		x			OK; gut; super; prima;
Großbritannien	x		x			OK;
Italien	x		x			sehr gut;
Österreich	x		x			alles OK (Tauchen);
Syrien	x			x		Beleidigung;
Israel	x		x			akkurat;

Geste 9						
	Hat die Geste in Ihrem Land eine Bedeutung?		Von welcher Art ist die Bedeutung?			Beschreiben Sie die Bedeutung.
Land	ja	nein	Positiv	Negativ	Neutral	
Deutschland	x		x			"Peace"; "Victory"; Begrüßung;
Mexiko	(x)	x				keine; Peace;
Brasilien	x	x			x	Schere
China	x	(x)	x			Erfolg; "Victory"; "2"; (keine);
Spanien	(x)	x	(x)			keine; "Victory";
Polen		x				
Großbritannien		x				
Italien		x				
Österreich		x				
Syrien		x				
Israel	x		x			"Victory";

The manufacturer's authorised representative in the EU is Springer Nature Customer Service Centre GmbH, Europaplatz 3, 69115 Heidelberg, Germany. If you have any concerns regarding our products, please contact ProductSafety@springernature.com

Printed and bound by CPI Group (UK) Ltd, Croydon, CR0 4YY

25/03/2026

02078188-0001